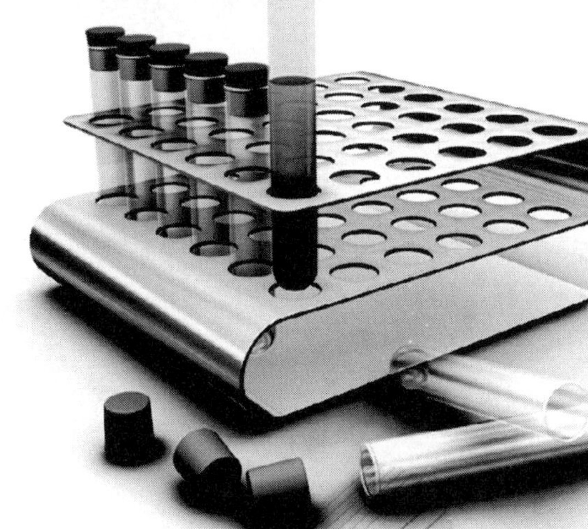

제3판

일반화학실험

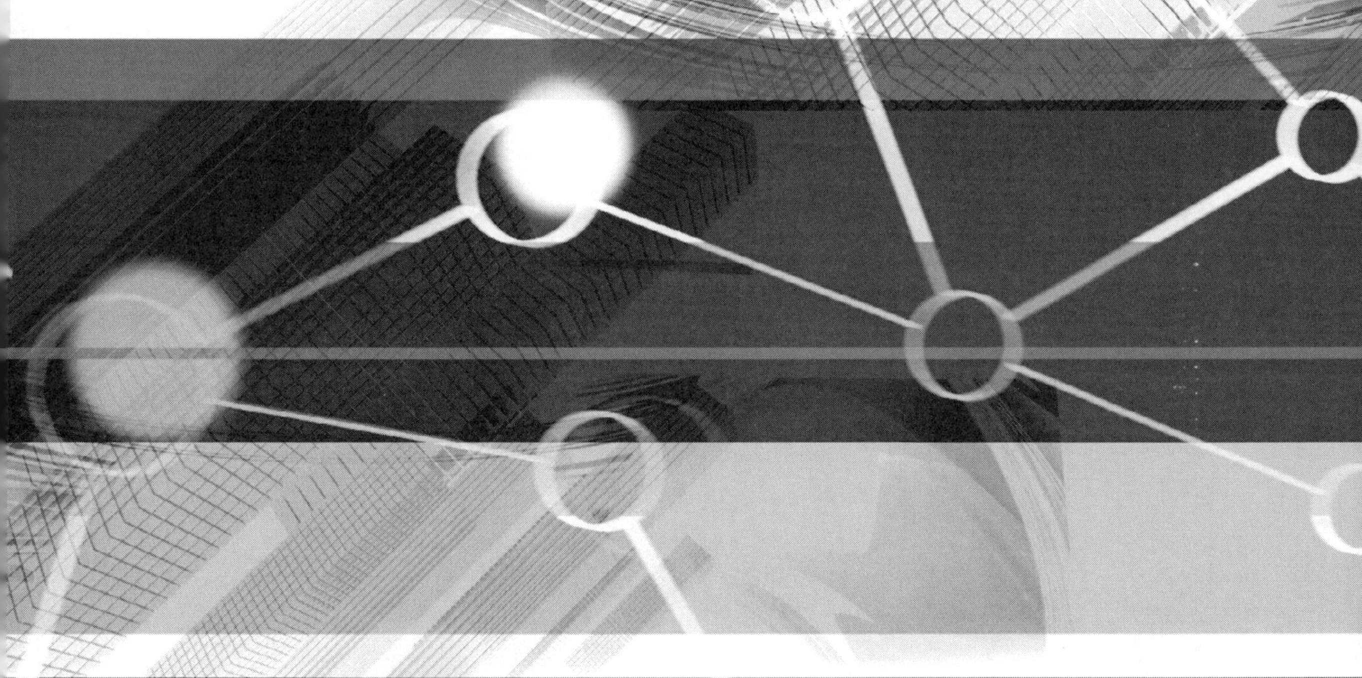

김은옥 · 박승기 · 정용찬 · 최정원 · 최희선 공저

자유아카데미

차 례

실험

부록

실험실에서의 주의사항

모든 화학실험은 위험을 최소로 하는 것을 전제로 하여 계획되고 있지만, 아무리 주의를 해도 사고가 종종 일어나곤 한다. 만약 오늘 실험할 것이 무엇이며, 어떻게 실험할 것이며, 이 실험에 대한 안전수칙을 미리 알고 있었다면, 사고는 미리 방지될 수 있을 것이고, 부득이 사고가 나더라도 쉽게 빨리 응급처치를 할 수 있을 것이다.

다음의 사항을 잘 알아두어 사고가 일어나지 않도록 해야 할 것이다.

1. 실험내용의 예습을 철저히 하고 실험실에서는 반드시 가운을 입고 조용히 하며 정숙한 태도로 실험에 임해야 한다.
2. 실험실에서 담배를 피우거나, 술을 마시거나, 음식물을 절대로 먹지 않도록 한다.
3. 실험에 필요한 책 이외의 책, 가방 등은 지정된 장소에 놓아 두어야 한다. 특히 실험대 위에는 절대로 올려 놓아서는 안 된다.
4. 실험실에서는 항상 신발을 신어야 하며, 슬리퍼나 샌들을 신거나 맨발로 실험실을 출입해서는 절대로 안 된다.
5. 실험실에서는 절대로 혼자서 실험하면 안 된다. 교수나 조교가 있을 경우에만 하도록 한다.
6. 실험실에서는 허가되지 않은 실험은 절대로 하여서는 안 된다.
7. 실험실을 나가기 전에 실험대 위를 닦고, 비누와 물로 손을 꼭 씻는다.
8. 만일 실험실에서 사고가 났다면, 즉시 교수에게 보고한다.
9. 유독하거나 몸에 해로운 증기를 발하는 화학물질을 사용하거나 만드는 실험인 경우 반드시 후드(fume hood) 내에서 실험해야 한다.
10. 시험관을 사용하여 가열하거나 반응을 일으킬 때는 시험관의 입구를 주위에 있는 다른 학생이나 자신을 향하게 하여서는 안 된다.
11. 시약은 시약명을 재확인하고 오염되지 않도록 사용되어야 하며, 특별한 지시가 없는 한 어떠한 시약도 맛보아서는 안 된다. 또 냄새를 맡고자 할 때는 자신의 얼굴을 향하여 손으로 부채질하여 냄새를 맡아야 한다.
12. 유리 용기는 뜨거운 것인지 차가운 것인지를 구별하기 어렵기 때문에 유리 용기를 가열한 후 식힐 경우 즉시 손으로 잡으면 손이 델 염려가 있으므로 조심해야 한다. 특히 다른 사람이 만지지 않도록 주의한다.
13. 유리관, 유리 막대, 온도계 등을 고무마개 등에 삽입할 때, 장갑이나 수건으로 이것들을 싸

서 잡고 넣으면 손을 보호할 수 있다. 특히 물이나 글리세린 등을 이용하면 도움이 된다.

14. 산을 묽힐 때 물을 산에 첨가하는 것이 아니라 항상 산을 물에 첨가하여야 한다.
15. 대부분의 유기 용매는 불이 붙기 쉽다. 이 액체들은 불에 가까이 놓아서는 안 된다.
16. 유기 용매를 실험실 씽크대에 함부로 버려서는 안 된다. 꼭 조교 또는 교수의 지시를 따라야만 한다.
17. 액체시약이나 용액을 씽크대에 버릴 경우, 많은 물을 흘려 보내 씻겨 내려가도록 한다.
18. 성냥, 종이 또는 고체시약 등을 씽크대에 버리지 말아야 한다.
19. 깨어진 유리 용기를 쓰레기통에 버리지 말고 지정된 장소에 버린다.
20. 만약 유해한 화학시약이 피부에 묻었을 경우, 많은 양의 물로 씻어주고 지도교수의 도움을 받아야 한다.
21. 만약 고체시약 또는 액체시약을 엎지렀을 경우, 다른 학생들이 해를 받지 않도록 깨끗이 씻어야 한다.
22. 실험이 끝나면 기구를 닦아 시약병과 함께 제자리에 놓는다.
23. 버너 등 가열장치를 사용하지 않을 경우는 항상 꺼 놓아야 한다.

화학물질의 오염방지

실험을 성공적으로 잘 하려면 사용되는 시약이 오염되지 않도록 하는 것이 매우 중요하다.

오염이 생길 가능성을 최소로 하기 위하여 다음과 같이 하여야 한다.

1. 유리 용기를 씻은 후, 최종적으로는 항상 증류수로 씻어야 한다.
2. 동시에 하나 이상의 시약을 다루지 말아야 한다. 이렇게 하면 그들의 마개가 실수로 바뀌는 일이 없어진다.
3. 시약병을 선택할 때, 필요로 하는 화학물질인지를 두 번 이상 다시 확인한다.
4. 실험대 위에 시약병의 뚜껑이나 마개를 함부로 놓아두지 않도록 한다.
5. 다른 고체시약을 취할 경우 각각 다른 시약주걱(spatula)을 이용한다.
6. 스포이드나 피펫을 이용하여 직접 시약병으로부터 액체시약을 취하면 안 된다. 깨끗하고, 잘 말린 비커에 이 액체시약을 적은 양 따르고 여기서 스포이드나 피펫을 이용

하여 액체시약을 취한다.

7. 원래 시약이 담겨져 있던 병으로부터 일정량의 시약을 취하고 난 후 이 시약이 고체이든 액체이든 나머지 시약을 원래의 병 속에 다시 넣어서는 안된다.
8. 저울접시 위에 시약을 놓고 질량을 달아서는 안 된다. 미리 알아 놓은 무게 다는 종이를 이용해야 한다.
9. 어떤 화학물질은 용기의 마개와 반응하기도 한다. 만약 원래의 시약병 이외의 다른 용기에 화학물질 또는 용액을 보관하려고 한다면 이 물질과 반응하지 않는 적당한 마개를 선택해야 한다.
10. 모든 시약병은 꼭 뚜껑을 닫아 놓아야 한다.

실험실 사고에 대한 응급처치 요령

1. 화상을 입었을 경우: 즉시 찬물로 닦아 화기를 빼고 바셀린이나 아연화 연고를 바르고 세균의 감염을 막도록 한다.
2. 의복에 불이 붙었을 경우: 모포나 실험복으로 싸서 끄던지 소화기나 물로서 끈다.
3. 유리 등에 의하여 상처를 입었을 경우: 옥시풀 또는 소독용 알코올로 소독하고, 유리 파편이 들어 있지 않은 것을 확인한 후, 페니실린 연고를 바른 후 붕대로 감는다.
4. 산이 피부에 묻었을 경우: 즉시 다량의 물로 씻은 후, 묽은 탄산수소 소듐 용액으로 씻는다.
5. 알칼리가 피부에 묻었을 경우: 즉시 다량의 물로 씻은 후 아주 묽은 아세트산 용액으로 씻는다.
6. 브로민 수가 피부에 묻었을 경우: 글리세린을 많이 바르고 문질러서 브로민과 반응시킨 후 닦아 내고 아연화 연고를 바른다.
7. 눈에 시약이 들어 갔을 경우: 즉시 물로 충분히 씻은 후 의사의 검진을 받아야 한다.
8. 염소, 브로민 또는 황화 수소를 들이마셨을 경우: 깊게 심호흡을 한다. 할로젠을 들이마셨을 때는 알코올로 적신 솜 뭉치로부터 증기를 마시면 기분이 좋아진다. 상당량의 증기를 들이마셨을 때는 인공호흡과 산소의 흡입이 필요하며, 지체없이 의사의 검진을 받아야 한다.

조심스럽게 취급해야 할 화학물질

1. 소듐(나트륨, Na), 포타슘(칼륨, Ka) 등은 물과 반응하여 수소 기체를 내는데, 이때 반응열로 인하여 수소 기체를 태우며 불이 난다.
2. 알코올, 에테르, 아세톤, 벤젠, 톨루엔 같은 유기화합물은 인화성이 굉장히 크므로 불을 가까이 하지 않도록 한다.
3. 흰 인(P_4), 백금흑(Pt) 등은 공기 중에서 자발적으로 불이 나므로 공기 속에 방치하지 말고, 흰 인은 물속에 보관한다.
4. 염소산 포타슘($KClO_3$), 과산화 소듐(Na_2O_2) 등은 과량의 산소를 가지고 있으므로 갑자기 센 충격이나 고온으로 가열하면 폭발하므로 주의하여야 한다.
5. 나이트로 화합물은 폭발성이 강하므로 센 충격을 주거나 가열하지 말아야 한다.
6. 할로젠과 진한 암모니아수를 같이 두면 할로젠화 질소가 생긴다.
7. KCN, NaCN, $HgCi_2$, HgO, As_2o_3, $PbHAsO_4$ 등은 인체에 해로운 독약이므로 보이지 않는 곳에 보관한다.
8. CCl_4를 마시면 간에 손상을 주므로 조심하여야 한다.

실험실에서 쓰이는 기본기구

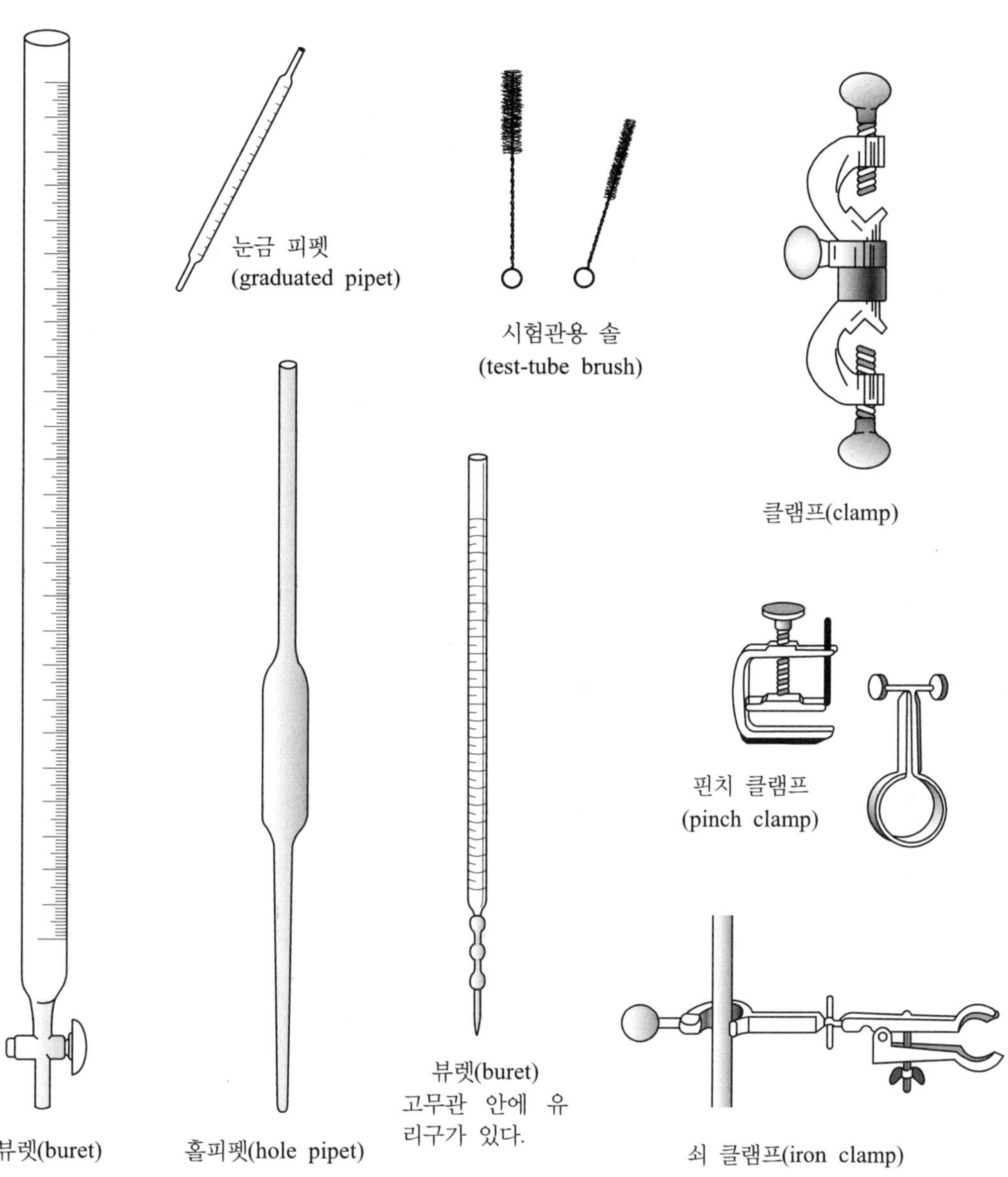

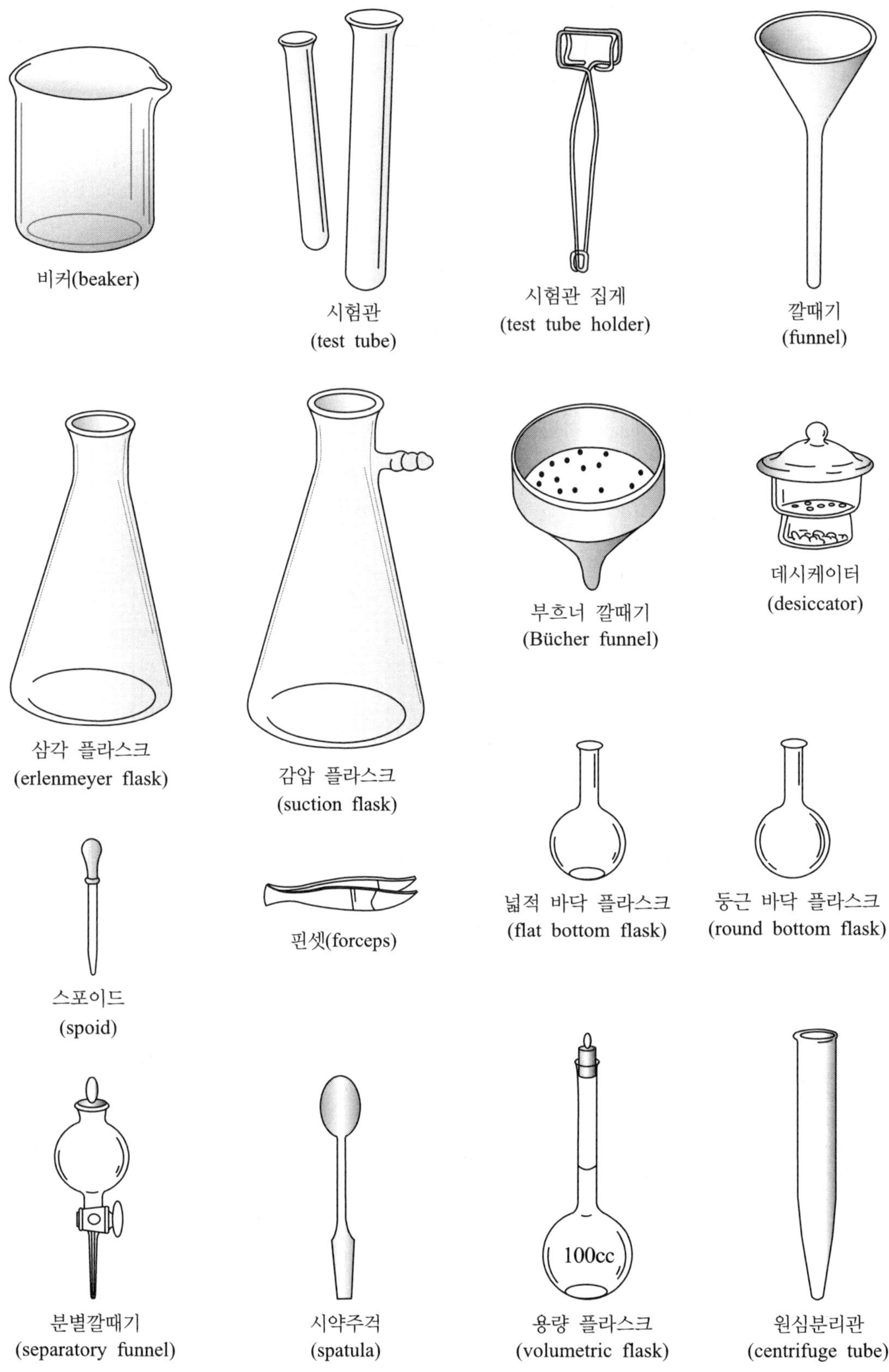
비커(beaker)
시험관
(test tube)
시험관 집게
(test tube holder)
깔때기
(funnel)
삼각 플라스크
(erlenmeyer flask)
감압 플라스크
(suction flask)
부흐너 깔때기
(Bücher funnel)
데시케이터
(desiccator)
스포이드
(spoid)
핀셋(forceps)
넓적 바닥 플라스크
(flat bottom flask)
둥근 바닥 플라스크
(round bottom flask)
분별깔때기
(separatory funnel)
시약주걱
(spatula)
100cc
용량 플라스크
(volumetric flask)
원심분리관
(centrifuge tube)

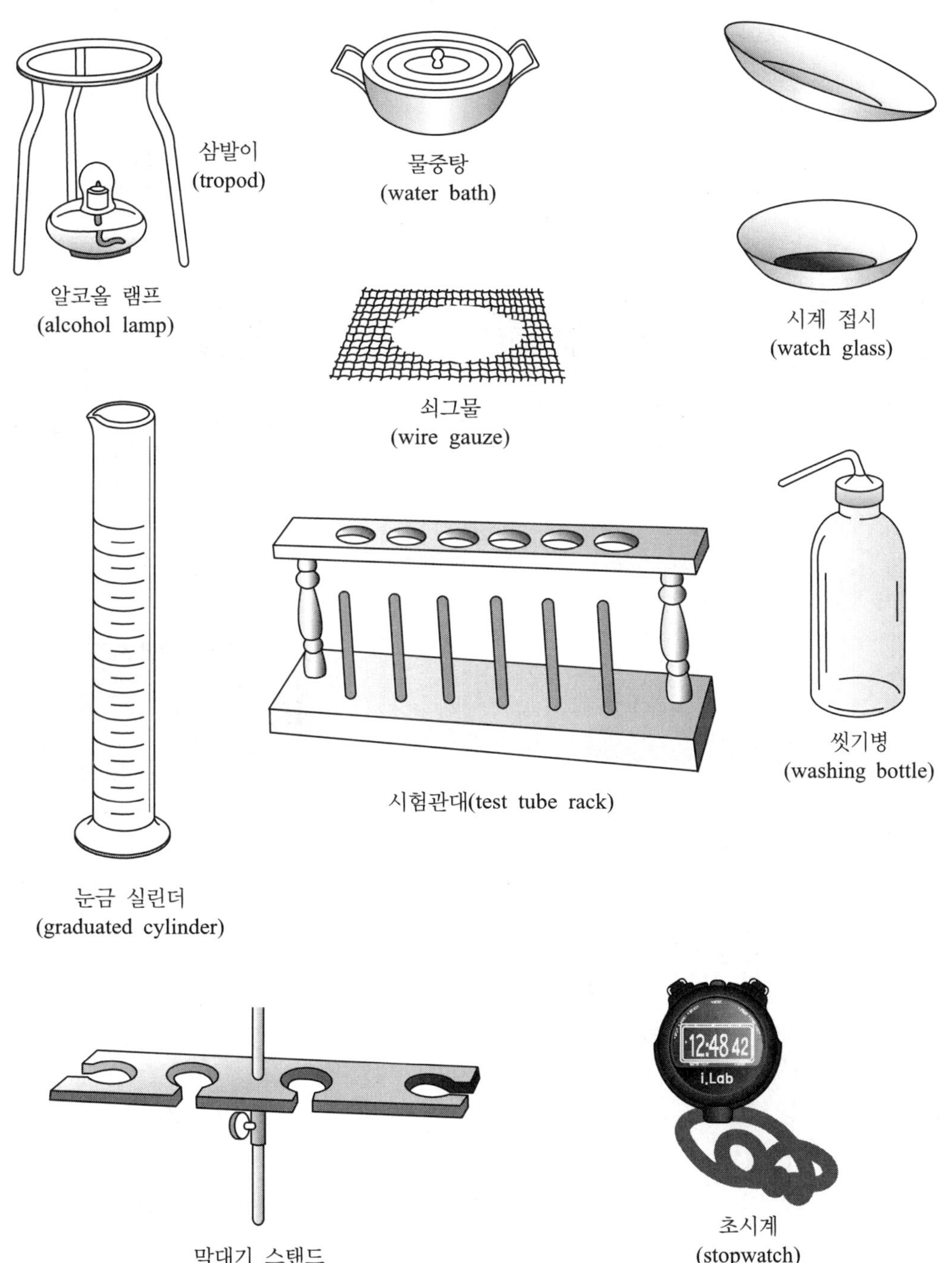
삼발이
(tropod)
알코올 램프
(alcohol lamp)
물중탕
(water bath)
쇠그물
(wire gauze)
시계 접시
(watch glass)
눈금 실린더
(graduated cylinder)
시험관대(test tube rack)
씻기병
(washing bottle)
12:48 42
i.Lab
초시계
(stopwatch)
막대기 스탠드
(funnel stand)

유리 막대
(glass rod)

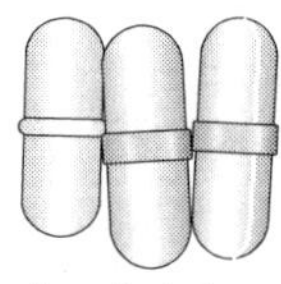

마그네틱바
(magnetic bar)

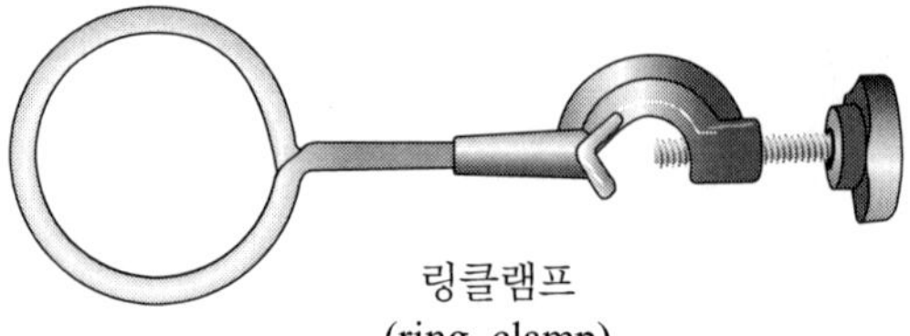

링클램프
(ring clamp)

뷰렛 클램프
(buret clamp)

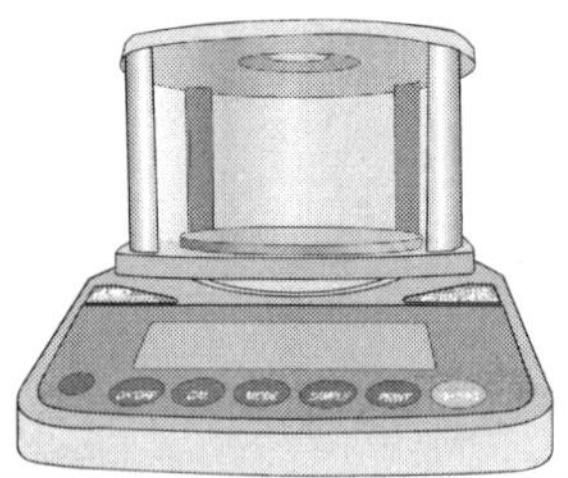

전자 저울
(electronic scale)

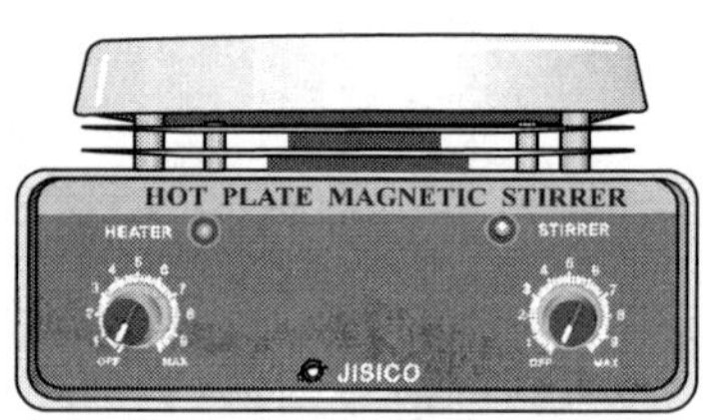

가열식 자석 교반기
(hot plate)

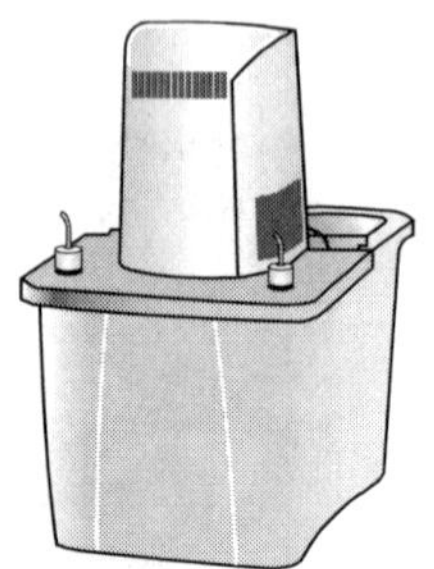

아스피레이터
(adpirator)

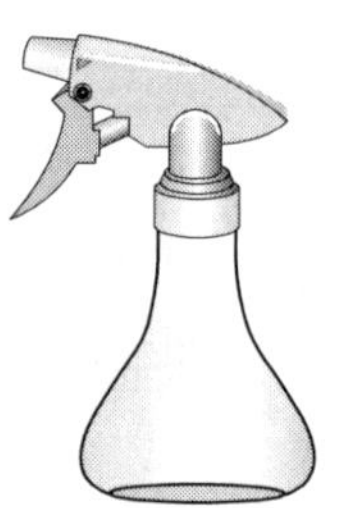

분무기
(spray)

화학실험의 기본사항

1 저울 및 질량 측정

(1) 저울의 형태

그림 A-1과 그림 A-2에서 보여주는 것은 삼중대 저울(triple beam balance)이다. 이들 각각은 눈금이 매겨진 홈을 가지고 있는 세 개 또는 두 개의 저울대와, 눈금만 매겨 있는 하나의 저울대를 가지고 있다.

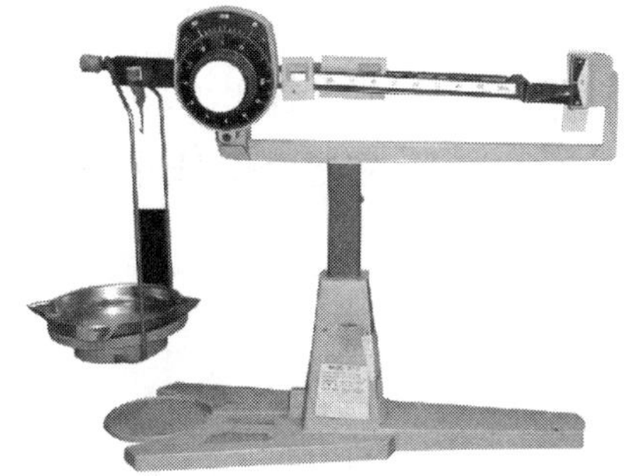

[그림 A-1]

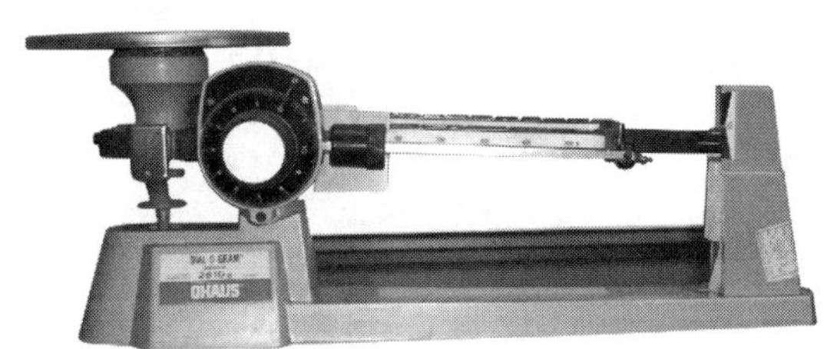

[그림 A-2]

저울대 끝에는 영점 조절을 할 수 있도록 하는 표시가 있다. 어떤 저울은 저울의 요동이 심하지 않도록 하기 위하여 요동을 줄이게 하는 장치를 가지고 있기도 하다. 이로 인해 영점 조절 및 질량 측정을 바르게 할 수 있다.

[그림 A-3]

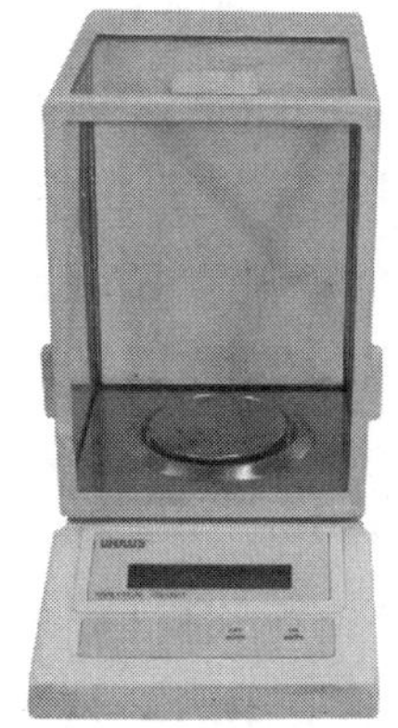

[그림 A-4]

모든 저울추가 0에 위치하고 있고 저울 접시 위에는 아무 것도 없을 때, 저울대는 0의 위치에 있어야 한다. 만약 이런 상태가 되지 않았으면 저울은 0점 보정을 해야 한다. 무게를 달 때는 항상 주의해서 저울추가 저울대 위의 홈속에 들어가 있도록 해야 한다. 최근에는 윗접시 저울(top-loading balance)이 많이 이용되고 있는데, 저울 접시 위에 물체를 올려 놓기만 하면 쉽고 질량을 편리하게 측정할 수 있다(그림 A-3과 그림 A-4).

(2) 질량 측정

1) 고체시료

고체시약은 직접 저울 접시 위에 올려 놓아서는 절대로 안 된다. 왜냐하면 접시가 부식될 염려가 매우 크기 때문이다. 만약 접시 위나 저울의 다른 부분에 시약을 쏟았으면 즉시 깨끗하게 닦아야 한다. 접시는 보통 쉽게 들어낼 수 있게 되어 있다.

대부분의 고체시료의 질량은 깨끗한 비커나 무게다는 종이 위에서 단다. 그림 A-5는 삼중대 저울 (그림 A-1)위에서 적은 양의 고체시료를 다는 한 가지 방법을 보여 주고 있다.

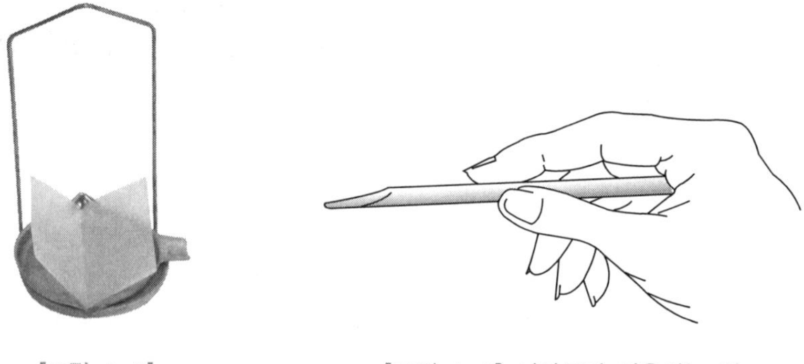

[그림 A-5] [그림 A-6] 시약주걱 이용하는 법

종이 위에서 무게를 달면 안 되는 시약이 있다. 염소산 포타슘 같은 센 산화제는 유리로 된 비커를 이용해 무게를 달아야 한다. 센 알칼리성 고체(예를 들면 NaOH)가 공기 중에 노출되면 공기 중의 수분을 흡수하여 이 고체 아래 있는 종이를 적시는데, 이 시약은 매우 부식성이 강하므로 아주 위험하다. 이런 알칼리성 고체도 유리 용기에서 무게를 달아야 한다.

화학시약은 "질량차"로 무게를 달아야 한다. 빈 용기를 단 다음에 시료를 담은 용기를 달은 다음, 여기서 빈 용기의 무게를 빼 주면 시료의 질량을 알 수 있게 된다.

윗접시 저울(Top-loading balance) 이용시 "tare" 단추를 누르면 자동적으로 빈 용기의 무게를 0으로 계산하기 때문에 사용이 편리하다. 깨끗하게 잘 말린 시약주걱은 시약용기로부터 무게다는 종이로 적은 양의 시약을 옮길 때 유용하게 이용된다(그림 A-6).

2) 액체시료

액체시료는 직접 저울 접시 위에서 달 수 없으나 미리 달아 놓은 비커, 삼각 플라스크, 또는 적당한 크기의 눈금 실린더를 이용하면 가능해진다. 액체시약을 저울이나 저울의 접시 위에 떨어지는 것을 피하기 위함이다. 만일 쏟았다면 즉시 닦아내야 한다.

저울을 다루는 데 주의해야 할 사항은 다음과 같다.

- 무게를 달기 전에 뜨겁거나 찬 물체를 실내온도로 되게 한 후 무게를 단다.
- 무게를 다는 동안 저울의 옆문이나 뚜껑을 닫는다.
- 정확한 질량을 측정하기 위하여 사용된 모든 숫자(digit)를 기록한다. 소수점 아래 0의 마지막 숫자까지도 다 기록한다.
- 무게를 단 후 분석용 저울을 0점으로 조정한다.
- 젖은 물체를 다는 일은 없어야 한다(물의 증발이 질량을 변화시킨다).
- 뚜껑이 없는 용기에 휘발성 액체시료를 넣고 달지 말아야 한다.
- 분석용 저울을 사용할 경우 용기를 손으로 잡으면 안 된다(손의 지문으로 인한 오차가 생긴다).

2 고체시약 다루는 법

고체 화학물질을 취하는 처음 단계는 원하는 시약이 무엇인지를 알아야 하고, 그 다음 취하려고 하는 화학물질인지를 확인하기 위하여 시약병 위에 있는 이름을 유의하여 읽어야 한다. 다른 화학물질인데도 이름과 화학식이 서로 매우 비슷한 경우, 특히 분자나 숫자 하나가 틀린 경우, 예를 들면 $NaSO_4$(황산 소듐, sodium sulfate)와 $NaSO_3$(아황산 소듐, sodium sulfite)가 있는데 매우 주의하여 읽어야 한다. 화합물의 이름을 실험서에서도 두 번 이상 읽고, 시약병에서도 두 번 이상 읽고 확인하여야 한다.

화학물질을 취할 필요가 있는 경우 시약병이 있는 곳에서 일정량의 화학물질을 깨끗한 용기에 취한 후, 이 용기를 가지고 가서 시약을 취한다. 고체시약은 일반적으로 넓은 뚜껑을 가지고 있는 시약병에 들어 있다. 만약 결정성 또는 분말성 시약이 덩어리로 되어 쉽게 취할 수 없다면, 뚜껑은 단단히 닫고 손바닥으로 병을 때려라. 그래도 덩어리로 남아 있으면 뚜껑을 열고 깨끗한 시약주걱으로 덩어리 고체시약을 잘게 부순다.

이렇게 해서 덩어리가 다소 깨어지면 다시 뚜껑을 닫고 손바닥으로 시약병을 때려 부수어지도록 한다. 시약병으로부터 뚜껑을 열어 실험대 위에 놓을 때는 뚜껑을 젖혀 놓는다. 이렇게 함으로써 뚜껑을 다시 닫을 때 책상 위의 먼지가 시약병 속에 들어가 시약이 오염되는 것을 방지할 수 있다. 깨끗한 시약주걱을 이용하면 필요한 양만큼 시약병으로부터 취할 수 있다. 만약 매우 정확한 양의 시약을 취하려고 한다면 시약을 담은 시약주걱을 약간 기울여 비커나 시료를 취하려고 하는 용기에 천천히 떨어지도록 하든지, 그림 A-7에서 보여 주는 바와 같이 손을 가볍게 때리면서 취할 수도 있다.

[그림 A-7] 고체시약을 취하는 법

만약 시약병으로부터 너무 많은 양을 취했다 하더라도, 취하고 남은 시약은 절대로 시약병에 다시 넣으면 안 되고 버려야 한다. 따라서 필요한 양만큼 정확히 조심스럽게 취하는 습관을 갖는 것이 매우 필요하다. 필요로 하는 양만큼의 화학시약을 취한 후에는 뚜껑을 단단히 닫아 두어야 한다.

3 액체시약 다루는 법

액체시약에서도 마찬가지로 고체시약을 다루는 과정과 거의 비슷하다. 특히 (1) 필요로 하고 취해야 할 시약의 화학명이나 화학식을 두 번 이상 확인하여야 한다. (2) 공동용 시약병을 실험대로 가져가 시약을 취하지 말고, 용기를 가지고 가서 취해야 한다. (3) 시약병의 뚜껑이나 마개를 실험대 위에 놓지 말고 손에 가지고 있어야 한다. (4) 만약 시약병으로부터 액체시약을 너무 많이 취했을 경우 시약병에 다시 따르지 말고 버려야 한다. (5) 시료를 취한 후 즉시 뚜껑이나 마개로 병을 닫아야 한다. (6) 시약을 취하는 도중 흘린 액체시약은 빨리 닦아 내야 한다. 위의 (3)의 경우 그림 A-8에서 보여 주는 것처럼 시약을 따르는 동안 병을 잡고 있는 손의 손가락 사이에 마개를 갖고 있어야 한다. 그림 A-9는 유리 막대를 사용해서 따르는 방법도 보여준다. 이 방법은 비커로부터 액체시약을 따를 때도 사용된다(그림 A-9).

[그림 A-8] 액체시약 따르는 법

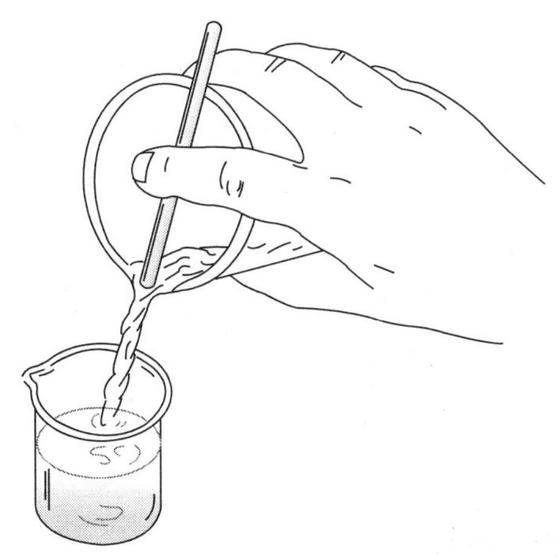

[그림 A-9] 비커로부터 액체를 위하는 법

시약병에 있는 액체시약은 스포이드를 이용하여 취하는 경우도 있다. 액체시약을 옮기기 위해 스포이드를 사용할 때는 스포이드 끝에 있는 고무꼭지를 위로 하여 수직으로 세워 사용한다. 이때 고무꼭지 속으로 액체시약이 들어가지 않도록 조심한다. 가장 적절한 방법은 액체시약을 필요량보다 약간 많이 비커에 취하고, 그 다음 들어 있는 액체시약을 스포이드를 사용하여 취하는 것이다. 취하고 남는 액체시약은 앞에서 언급한 바와 같이 없애 버려야 한다. 필요로 하는 양을 잘 계산하여 취하면 버려야 할 시약이 적게 된다. 실험실에서 사용하는 많은 액체시약들은 인화성이 있거나 유독한 증기를 내는 것이 많고, 이러한 위험한 성질 둘 모두를 가지고 있는 것들도 많다. 이와 같은 시약을 다룰 때는 후드(fume hood) 내에서 작업하여야 한다. 이러한 시약을 버릴 때는 항상 실험실 안에 마련된 특별한 방법을 따라야만 한다(조교의 지시에 따를 것).

4 부피 측정용 유리기구 눈금 읽기

액체시약을 유리 용기에 담으면 곡선 표면이 가장자리보다 가운데가 낮게 되는 메니스커스(meniscus)가 생긴다. 부피를 읽을 수 있는 유리기구는 메니스커스의 바닥이 눈금에 닿았을 때 부피 측정을 해야 한다(그림 A-10). 메니스커스의 바닥은 용액의 뒷면이나 메니스커스 바닥 바로 아래 부분을 손가락으로 어둡게 하면 쉽게 읽을 수 있다.

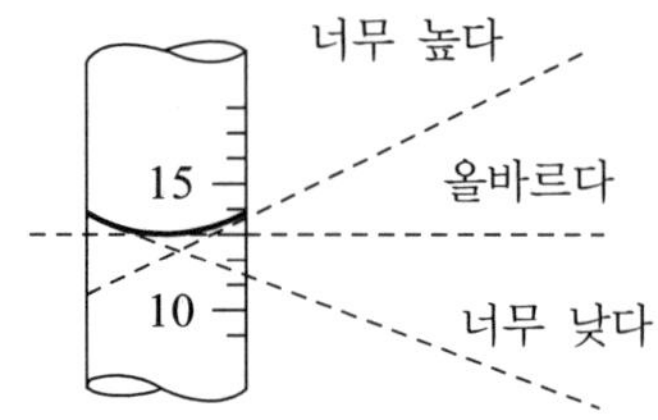

[그림 A-10] 액체시약의 부피 읽기

눈금은 눈금 용기와 눈의 높이를 수직으로 하여 읽어야 정확해진다. 또한 용기도 수직으로 세워 놓아야 한다. 눈금이 있는 여러 종류의 유리 용기가 이 책의 실험에서 사용된다. 가장 정밀하게 눈금이 매겨진 것은 피펫과 뷰렛이다. 대부분의 부피를 측정하는 데는 눈금 실린더를 사용한다. 이러한 눈금 실린더를 이용하는 주 목적이 부피를 측정하는 것이므로, 이에 따라 고안되었고 눈금이 새겨져 있다. 어떤 제작자에 의해 만들어진 비커와 삼각 플라스크에도 눈금이 새겨진 것이 있는데, 이러한 것의 목적은 전적으로 부피만을 측정하려는 것이 아니다. 비커와 플라스크의 눈금은 대충의 부피를 가르쳐 주는 것이다.

5 일정 조성의 용액 만들기

일정한 조성을 갖는 용액을 나타내는 형태에는 여러 가지가 있는데 무게 %, 부피 %, M 농도, N 농도 등이 흔히 사용되는 것이다. 액체 용액은 액체 상태인 용매와 이 용매에 녹을 수 있는 고체, 액체, 기체들인 용질로 되어 있다. 용액의 최종 부피 또는 최종 무게에 대해 용질의 양이 얼마인가에 따라 농도가 결정된다.

(1) 용액 만들기

먼저 만들기를 원하는 농도가 되기 위해서 필요한 용질과 용액의 양을 계산하고 알아내어, 다음의 과정에 따라 용액을 만든다.

ⓐ 용질을 용매에 첨가하면서 저어 준다.
ⓑ 젓기도 쉽고, 쉽게 따르기도 할 수 있는 크기의 용기를 이용한다.

ⓒ 진한 산을 사용할 때는 항상 저으면서 산을 물에 천천히 첨가한다. 진한 황산 같은 산은 매우 큰 열을 발생하므로, 물을 황산에 첨가하면 너무 많은 열이 발생하게 되어 물이 맹렬하게 끓게 되면서 묽은 황산을 주위에 튀어나가게 하므로 매우 위험하다.

ⓓ 용액을 빨리 만들기 위하여 덩어리 형태가 아닌 분말형태의 고체를 액체에 첨가한다.

ⓔ 때로는 용액을 빨리 만들기 위해 가열(더운 물을 사용)할 수도 있다. 그러나 열이 용질의 성질을 변화시킬 때는 피해야 한다. 예를 들면 알부민(계란 흰자)은 더운 물에서는 불용성이다. 한편 가용성 녹말은 찬 물에서 잘 휘저어 풀고, 큰 입자를 분리한 후, 끓는 물에 서서히 가한다. 그렇게 하지 않으면 덩어리 형태의 혼합물이 생긴다.

ⓕ 용질이 젤라틴형이거나 끈적끈적한 덩어리일 경우는 균일한 유체가 될 때까지 적은 양의 용매를 이 반고체 덩어리에 가하여 잘 섞는다. 그리고 난 후 나머지 용매를 가한다. 만약 이러한 형태의 용질에 한꺼번에 많은 양의 용매를 가하면 용질 덩어리를 용매에 잘 분산시키기 위해 저어주는 막대로 한동안 분쇄시켜야 하는 어려움이 생기게 된다.

(2) 용액을 묽히는 법

알려진 농도의 묽은 용액은 묽히기 위한 목적으로 예비해 둔 진한 저장(stock)용액을 이용하여 쉽게 만들 수 있다. 염화 소듐 1.0 % 용액 250 mL를 만들려고 할 때, 5.0 % 염화 소듐의 저장 용액을 사용한다면 가장 간단한 방법은 무엇일까? 1.0 % 용액은 용액 100 mL당 1.0 g의 용질(0.01 g/mL)을 함유한다. 그러므로 1.0 % 용액의 250 mL는 250×0.010 또는 염화 소듐 2.50 g을 함유한다. 5.0 % 용액 몇 mL에 용질 2.50 g이 들어 있는가?

5.0 % 용액 1 mL에는 용질 0.050 g이 함유되어 있으므로 2.50 g × 1 mL/0.050 g = 50.0 mL가 계산된다. 즉 5.0 % 용액 50.0 mL를 총 부피 250 mL로 묽힌다. 용액을 묽힌다는 것(이 경우 물을 가함)은 용질의 총량을 변화시키지는 않는다. 단지 묽힌 용액의 단위 부피당 용질의 입자가 적은 것을 의미하는 것이다.

이러한 희석을 계산하는 간단한 방법은 적정할 때 쓰는 다음 식을 이용한다.

$$\text{처음 농도} \times \text{처음 부피} = \text{최종 농도} \times \text{최종 부피}$$

$$C_i \times V_i = C_i \times V_i$$

위의 문제를 풀자면,

$$5.0\% \times V_i = 1.0\% \times 250\text{mL}$$

또는

$$V_i = \frac{1.0 \times 250\ mL}{5.0} = 50\ mL$$

즉 적당한 용기에 5.0 % 저장 용액 50 mL를 총 부피 250 mL로 묽히면 된다. 정확하게 하려면 용량 플라스크를 사용하면 된다.

6 난용성 고체를 액체로부터 분리하는 법

(1) 여과

여과지 접는 방법과 깔때기를 설치하는 방법이 그림 A-11에 있다. 작은 깔때기는 삼각 플라스크나 시험관대 시험관 위에 올려놓고 할 수도 있다.

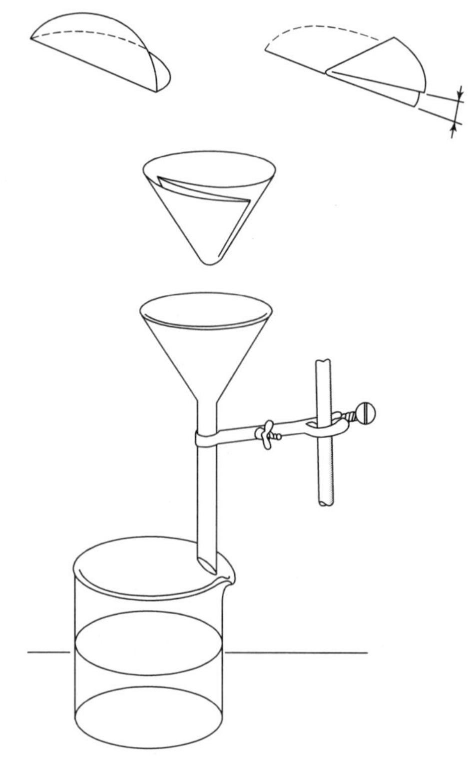

[그림 A-11] 여과

(2) 기울여 따르기

아래에 가라앉아 있는 난용성 고체는 위에 있는 액체를 간단히 기울여 부음으로써 액체로부터 분리할 수 있다(그림 A-12). 고체는 세척 액체를 가하고, 혼합물을 잘 휘저은 다음, 다시 고체를 가라앉히고, 세척 액체를 기울여 따르는 방법으로 되풀이하여 제작할 수 있다.

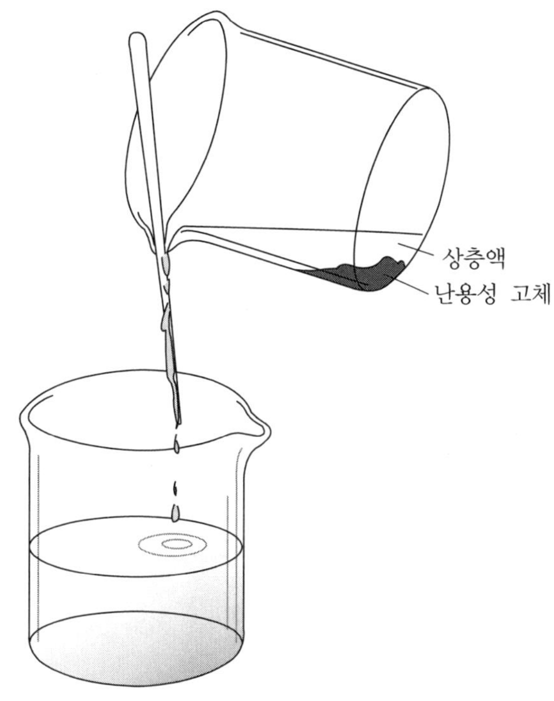

[그림 A-12] 기울여 따르기

7 유리기구 세척

아래에 있는 몇 가지 간단한 규칙을 따르면 유리기구 닦는 일이 그렇게 성가시거나 귀찮지는 않다.

- 유리기구를 헹구고 액체 세제 몇 방울을 떨군다.
- 유리기구의 목부분에 손상이 가지 않도록 적당한 크기의 세척솔을 선택한다.
- 유리기구에 더 이상의 물을 가하지 않고, 세척솔을 적신 후 잘 문지른다. 특히 더러운 곳과 가장자리를 잘 닦는다.
- 여전히 더럽거나 기름기 있는 부분이 있으면 헹구고 세제로 닦는 것을 반복한다. 때로는 매우 더러운 것을 닦기 위하여 고체 세제가 필요한 경우도 있다.
- 마지막으로 유리기구의 안팎을 철저히 헹구고 물이 빠지게 엎어 놓는다. 비커와 삼각플라스크 같은 유리기구는 건조대(pegboard) 위나, 필요하다면 종이 수건 위에 엎어 놓아도 된다. 시험관과 눈금 실린더는 똑바로 세워 놓아서는 안 되고, 건조대에 놓던가 또는 시험관대에 거꾸로 놓아야 한다. 만약 똑바로 세워 놓으면 염의 일부(또는 심지어 세제까지도)가 건조된 후에 바닥에 남아 있을 경우가 생겨서 다음 실험의 경과에 영향을 미치게 된다. 만약 유리를 잘 닦고, 완전히 헹구고, 뒤집어 말리면 유리가 잘 건조될 것이다.

실 험

실험 1 기본 측정

화학을 비롯한 모든 자연과학은 실험이나 관찰을 기초로 하는 실험과학이다. 화학실험은 기본적인 양의 측정으로부터 시작되며, 따라서 화학실험의 가장 중요한 요소 중의 하나가 측정치 또는 관찰된 숫자의 처리 과정이다. 관측되는 모든 값들이 의미가 있을 수가 있으므로, 엉뚱한 값이 나왔다고 해서 쉽게 버리거나 무시하는 태도는 위험한 것이며, 모든 숫자의 유효한 숫자를 표시하는 것과 단위를 표시하는 것은 기본적으로 반드시 지켜져야 한다. 화학실험에서의 측정 대상으로는 길이, 부피, 질량, 온도, 압력, 시간 등이 있다. 이와 같은 양의 측정에는 적절한 측정기구가 사용된다. 예를 들면, 길이의 측정에는 자가 사용되고, 액체의 부피 측정에는 피펫, 뷰렛 등이 사용되며, 시간의 측정에는 시계가 사용된다. 여기서 측정(measurement)이란 '특정한 단위와 비교하여 그 대상의 양이나 치수 혹은 크기를 결정하는 것'이라고 정의할 수 있으며, 이때 사용되는 단위(unit)는 '측정의 표준으로 정해 둔 일정한 값'이라고 정의할 수 있다.

측정기구는 크게 아날로그(analog) 식과 디지털(digital) 식으로 구분된다. 아날로그 방식의 측정은 이미 눈금이 매겨져 있는 기구와 측정 대상 물체를 비교함으로써 양을 측정하는 것으로 눈금보다 한 자릿수를 더 어림짐작으로 읽는다. 예를 들어, 0.1 g의 단위로 눈금이 매겨져 있는 아날로그 저울의 경우, 측정하고자 하는 물체의 실제 질량을 가리키는 바늘이 2.1 g과 2.2 g 사이에 놓이게 되면, 그 사이를 눈대중으로 10등분하여 한 자리를 더 읽어, 가령 2.14 g으로 기록하여야 한다. 이때 측정한 자릿수, 즉 유효 숫자(significant figure)는 세 자리가 된다. 물론 끝자리의 4는 측정자에 따라 오차를 내포하게 된다. 디지탈 방식의 측정은 숫자로 값을 주므로 측정치의 자릿수가 정해진다. 예를 들어, 0.1 g 까지 읽을 수 있는 디지탈 저울의 경우, 측정하고자 하는 물체의 실제 질량이 2.14 g이면, 끝자리 4를 반올림하여 2.1 g으로 저울의 화면에 나타나므로, 이때 측정된 질량값은 ±0.05 g의 오차의 범위를 갖게 된다.

측정치는 늘 오차가 수반되므로 측정치들을 연산할 경우 유효 숫자의 처리가 중요하다. 덧셈과 뺄셈의 경우, 측정치들을 연산하여 얻은 결과의 유효 숫자는 측정치 중 유효 숫자의 끝자리가 가장 큰 자릿수를 가지고 있는 것에 맞춘다.

$$\begin{array}{r} 1.22 \\ 120.1 \\ +\quad 0.954 \\ \hline 122.274 \end{array} \quad \rightarrow \quad 122.3$$

곱셈과 나눗셈의 경우, 측정치의 연산 결과의 유효 숫자는 가장 유효 숫자의 개수가 적은 측정치의 것에 맞춘다.

$$\frac{1.445 \times 0.23}{1.5369} = 0.2162469\cdots\cdots \rightarrow 0.22$$

화학 실험의 측정에서 저지르기 쉬운 실수의 한 예는, 실험 책에서 1.00 g의 시료를 취하라고 지시했을 때, 학생들은 저울을 읽으면서 정확히 1.00 g을 취하려고 애쓴다. 그러나 대부분의 경우는, 정확한 양을 취할 필요가 없고 그 근처의 양을 취하여 정확히 기록한 후, 그 값을 이후의 계산에 사용하면 된다. 따라서 학생들은 실험 책에서 요구하는 수치가 정확히 그 값으로 어느 시료를 준비해야 하는 것인지를 판단하여 불필요한 시간과 노력을 들이지 말기 바란다.

화학실험에서의 측정은 항상 오차가 포함되게 되므로 측정값을 나타낼 때에는 실험오차를 정확히 표현하여야 한다. 실험오차는 정확도의 부족과 정밀도의 부족에 의한 것으로 구별할 수 있는데, 정확도(accuracy)는 측정값이 참값에 얼마나 가까운지를 나타내므로 주로 측정기의 보정(calibration)에 많은 영향을 받게 된다. 일반적으로 참된 값을 알 수 없는 경우는 재현성의 척도로서 모든 측정값이 얼마나 비슷한지를 나타내는 정밀도(precision)로 표시하게 되는데, 정밀도를 표현하는 가장 일반적인 방법은 같은 실험방법으로 n번 반복하여 얻은 측정값 x_i 로부터 얻어지는 표준 편차(standard deviation)이다.

$$s = \sqrt{\frac{\sum_{i=1}^{n}(x_i - \langle x \rangle)^2}{(n-1)}}$$

여기서 <x>는 측정값의 평균값이다. 실험오차를 나타낼 수 있는 과학적인 측정이 되기 위해서는 최소한 세 번 이상의 실험을 반복해야 한다. 그리고 유효숫자를 정확히 나타내기 위한 과학적 표기법으로는 일반적으로 소수점의 왼쪽에 0이 아닌 수가 한 자리가 될 때까지 소수점을 이동시키고 여기에 10의 지수를 곱한 것으로 표시하는 표준 지수 표기법을 사용한다(예: 6.02×10^{23}).

측정값의 단위를 정확히 표기하는 것이 또한 매우 중요한데, 과학분야에서는 일반적으로 미터 단위를 사용하여 길이, 부피, 질량 등을 나타낸다. 미터법 기본 단위계는 10진법을 사용하며 표준 단위는 일반적으로 자연의 특정한 성질과 관련되어 있다. 1960년 국제적인 단위의 표준으로 SI(System International) 단위계를 제정하였는데, 길이 단위로는 미터(meter), 질량 단위로는 킬로그램(kilogram), 시간 단위로는 초(second) 등이 사용되게 된다. 다음의 인터넷 사이트에 SI 단위계에 관한 자세한 내용이 포함되어 있으므로 참조하기 바란다.

참고 사이트

- 미국표준기술연구원(NIST)의 SI 단위계 관련 홈페이지 (http://physics.nist.gov/cuu/Units/)
- 한국표준과학연구원의 국제단위계(7판) 관련 홈페이지 (http://library.kriss.re.kr/inside/si7.html)
- 프랑스 국제표준측정기구(BIPM)의 SI 단위계 홈페이지 (http://www.bipm.fr/en/si/)

기구 및 시약

자, 저울, 뷰렛, 초시계, 종이, 동전

실 험 과 정

1. 길이 측정

A4 용지 세 장을 준비하여, 1 mm 눈금의 자로, 각 종이의 가로 및 세로를 측정한다. 가로와 세로를 곱하여 면적을 구하고, 세 값의 평균 및 표준 편차를 구한다.

2. 질량 측정

100원 짜리 동전 다섯 개를 준비하여 각 동전의 질량을 저울로 측정하여 평균 질량을 구한다.

3. 부피 측정

뷰렛에 수돗물을 담아, 코크(stopcock)를 완전히 열어, 10초 동안 물을 흘리고 코크를 닫는다. 뷰렛의 눈금의 변화를 읽어 흘러나온 물의 부피를 측정한다. 물의 밀도를 0.99822로 가정하고 흘러나온 물의 질량을 구한다. 이 실험을 다섯 번 반복하여 평균값을 얻는다.

주의사항

- 저울 측정 전에 반드시 0점을 맞추어라.
- 뷰렛의 코크가 빡빡하면 그리스를 발라 원활히 움직이도록 하라. 무리하게 돌리면 파손될 우려가 있다.
- 뷰렛에 처음 물을 넣은 후, 코크를 열어 소량의 물을 흘려서 코크 아랫부분의 관에 차있는 공기를 제거하여야 한다.

예 비 보 고 서

대학　　학과　학번　　성명　　조

실험 제목 :

1. 실험목적 :

2. 이론 :

절취선

3. 기구 및 시약 :

4. 실험방법 :

절취선

결 과 보 고 서

대학 학과 학번 성명 조

실험 제목 :

1. 원리 :

2. 기구 및 시약 :

3. 결과 :

▪ 길이 측정

종이	가로 (mm)	세로 (mm)	면적 (mm^2)
1			
2			
3			

▪ 면적 : 평균 표준 편차

▪ 질량 및 부피 측정

횟수	동전 질량 (g)	물 부피 (mL)	물 질량 (g)
1			
2			
3			
4			
5			
평균			

4. 고찰 및 의문점 :

문 제

1. 다음 측정치들의 연산을 계산하라.
   (a) 1.02 + 31.4 − 2.356 =
   (b) (2.56 + 3.567) × 0.23 =

2. 다음 수들을 과학적 표기법으로 나타내어라.
   (a) 477,530 (b) 6,300,000 (c) 0.000203 (d) 0.0100420

절

3. 이 실험에서 나온 결과를 Microsoft Excel을 이용하여 정리하고 평균, 표준 편차 등의 통계값을 구하시오("도구" 메뉴의 "추가기능" 메뉴에서 분석도구를 선택하면 "도구"메뉴에 "데이터분석"이라는 새로운 메뉴가 생겨난다. 이 데이터분석에서는 여러 가지 통계적인 계산이 가능한데, 기술통계법을 이용하면 간단한 요약 통계량을 얻을 수 있어서 편리하다).

취

선

4. 3번의 부피 측정 실험에서 생길 수 있는 오차 요인을 모두 써라.

5. 미터 단위가 정확하게 어떻게 정의되는지 조사해 보시오.

실험 2 액체 및 고체 물질의 밀도 측정

물질의 물리적 성질은 물질의 조성의 변화없이 관측되고 측정되는 성질로서, 이것은 물질의 양에 관계된 크기 특성(extensive property)과 물질의 양과 무관한 고유한 성질을 나타내는 세기 특성(intensive property)으로 나누어질 수 있다. 부피, 무게 등은 크기 특성에 속하여 물질의 양에 따라 변화하지만 색깔, 녹는점, 밀도 등은 세기 특성에 속하여 물질의 고유한 성질을 나타낸다. 세기 특성 중에서 측정에 의해 관찰되는 특성을 정량적 특성(quantitative property)이라 하며 어는점, 끓는점, 밀도 등이 해당된다. 밀도는 단위부피당 질량(g/ml)으로 정의되며(d = m/V), 두 크기 성질(질량과 부피)의 비를 취하여 물질의 양과 무관한 물질의 고유한 성질 중의 하나가 된 것이다. 밀도는 온도에 따라 다르기 때문에 온도 표기를 같이 해주어야 하는 것도 꼭 명심하기를 바란다.

액체 밀도는 깨끗하게 씻어 말린 눈금 실린더의 무게를 달고, 액체 물질을 가해 액체 물질의 부피를 읽고, 눈금 실린더와 액체 물질의 무게를 단 후, 이 무게에서 눈금 실린더의 무게를 빼어서 순수한 액체의 무게를 구한 후, 실온에서 이 무게를 부피로 나눔으로써 구할 수 있다.

고체 밀도의 경우에는 고체의 부피를 측정하는 것이 문제인데, 일반적으로 서로 반응하지 않고 또한 서로 녹이지 않는 액체를 선택하여, 여기에 고체를 가해서 고체의 부피를 얻는다. 이때 액체의 밀도가 고체의 밀도보다 작아야 한다. 왜냐하면 고체의 밀도가 더 커야 액체 속에 잠기기 때문이다.

순수한 물질은 각자 고유한 밀도를 가지고 있는데, 예를 들어 금은 철보다 더 큰 밀도를 가진다. 상온에서 금의 밀도는 19.3 g/cm^3, 철의 밀도는 7.86 g/cm^{3}이다. 따라서 물질을 확인하는 데에 밀도는 유용한 물리적 성질로 활용된다. 다음 표에 몇 가지 물질의 상온에서의 밀도가 표시되어 있다.

물질의 밀도에 대한 단위는 질량과 부피에 사용된 단위에 의존하므로 g/ml, g/cm^3 등의 다양한 단위로 나타내게 되는데, 이러한 복잡성을 피하기 위해 물의 밀도를 기준으로 상대적인 밀도를 나타내는 비중(specific gravity)이라는 단위를 사용하게 된다. 비중은 물의 밀도에 대한 물질의 밀도의 비로서 다음과 같이 정의된다.

$$\text{비중} = \frac{\text{물질의 밀도}(d_{substance})}{\text{물의 밀도}(d_{water})}$$

물질	밀도(g/cm^3) (25℃)
물	1.00
알루미늄	2.70
철	7.86
은	10.5
금	19.3
유리	2.2
공기	0.0012

기구 및 시약

화학 저울, 50 mL 삼각 플라스크, 온도계, 비중병, 100 mL 눈금 실린더, 10mL 피펫, 액체시료(헥세인 혹은 에탄올), 금속시료(쇠구슬).

실 험 과 정

1. 액체 밀도

깨끗이 씻어 말린 50 mL 삼각 플라스크의 무게를 정확히 달고, 여기에 피펫으로 정확히 10 mL의 헥세인(hexane)을 넣고 무게를 정확히 달아, 액체 시료만의 무게를 계산한다. 그리고 액체 물질의 밀도를 구한다(실온도 표기한다). 세 번 반복한다.

2. 고체 밀도

100 mL 눈금 실린더에 약 50 mL의 증류수를 넣고 그 부피를 정확히 읽는다. 고체 물질 약 15 g(적어도 0.01 g까지)을 정확히 달아서 일정 부피의 증류수가 채워진 눈금 실린더에 넣고, 고체 물질의 부피를 측정한다. 그리고 고체 물질의 밀도를 구한다(그림 2-1). 이 실험을 세 번 반복한다. 주의할 점은 액체의 부피와 고체의 부피가 너무 많이 차이가 나면, 액체 부피의 변화가 거의 없어 눈금을 읽는 오차 허용 범위를 들어올 수가 없기 때문에 고체나 액체의 부피가 적당해야 한다(상대 오차가 적어도 0.02 정도가 되게 해야 한다). 일반적으로 50mL 눈금 실린더의 눈금을 읽는 데 허용되는 오차 범위는 0.3mL이다.

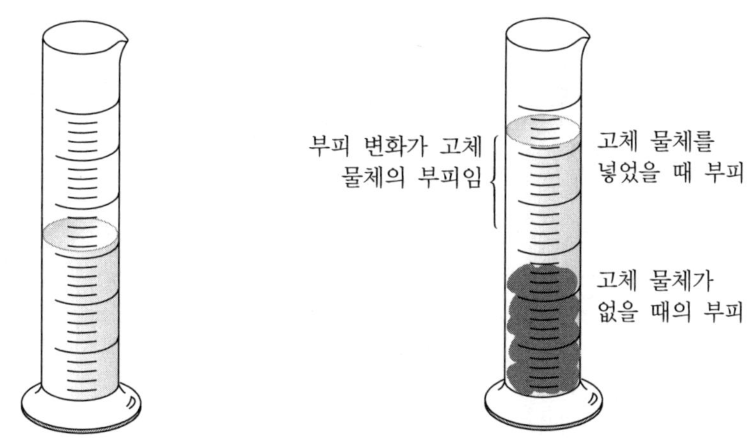

(a) 고체 물체가 없을 때의 액체 부피　　(b) 고체 물체를 넣었을 때의 총부피

[그림 2-1] 눈금 실린더를 이용하여 고체밀도를 측정하는 법

3. 고체 밀도를 정확히 재는 방법

깨끗이 씻은 비중병에 증류수를 가득 채우고, 넘친 증류수를 잘 닦아내어 말린 후 무게를 단다(A). 여기에 정확히 질량을 알고 있는 고체 물질(B)을 가한 후, 넘친 증류수를 닦아낸 후 무게를 단다(C). 이렇게 되면 바로 고체 물질 부피에 해당하는 만큼의 증류수의 무게가 넘치게 된 것이다.

이 실험으로부터 고체 밀도는

$$\frac{\text{고체 물질의 무게}}{\text{고체 물질의 부피}} = \frac{B}{(A+B-C) \div d_t}$$

여기서 d_t는 t℃에서의 증류수의 밀도이다(표 2-1).

[표 2-1] 온도에 따른 증류수의 밀도

온도(℃)	밀도 (g/mL)	온도(℃)	밀도(g/mL)
0	0.9998	18	0.9986
1	0.9999	19	0.9984
2	0.9999	20	0.9982
3	0.9999	21	0.9980
4	1.0000	22	0.9978
5	0.9999	23	0.9976
6	0.9999	24	0.9973
7	0.9999	25	0.9971
8	0.9999	26	0.9968
9	0.9998	27	0.9965
10	0.9997	28	0.9963
11	0.9996	29	0.9960
12	0.9995	30	0.9957
13	0.9994	31	0.9954
14	0.9993	32	0.9951
15	0.9991	33	0.9947
16	0.9990	34	0.9944
17	0.9998	35	0.9941

예비보고서

대학 학과 학번 성명 조

실험 제목 :

1. 실험목적 :

2. 이론 :

3. 기구 및 시약 :

4. 실험방법 :

결 과 보 고 서

대학 ______ 학과 ______ 학번 ______ 성명 ______ 조 ______

절

취

선

실험 제목 :

1. 원리 :

2. 기구 및 시약 :

3. 결과 :

▪ **액체 밀도**

액체의 종류	______	______	______
삼각 플라스크의 무게	______g	______g	______g
액체 물질 넣은 삼각 플라스크의 무게	______g	______g	______g
액체 물질의 무게	______g	______g	______g
취한 액체 물질의 부피	______ mL	______ mL	______ mL
액체 밀도	______g/mL	______g/mL	______g/mL

▪ **고체 밀도**

고체의 종류	______	______	______
고체 물질의 무게	______g	______g	______g
실린더 속의 증류수 부피	______ mL	______ mL	______ mL
고체 물질 넣은 후의 증류수 부피	______ mL	______ mL	______ mL
고체 물질만의 부피	______ mL	______ mL	______ mL
고체 밀도	______g/mL	______g/mL	______g/mL

4. 고찰 및 의문점 :

문 제

1. 밀도(density)와 비중(specific gravity)을 비교 설명하고, 이 각 실험에서의 비중값을 계산하라.

2. 어떤 구리 시료의 질량이 34.2 g이었고 부피는 3.82 cm^3이었다.
   (a) 구리의 밀도는 얼마인가?

   (b) 구리의 비중은 얼마인가?

3. 어떤 물질을 확인하는 데 질량이나 부피보다 밀도가 더 유용하게 사용된다. 그 이유는 무엇인가?

4. Microsoft Excel을 이용하여 각 밀도의 평균과 표준 편차를 구하라.

5. 밀도의 단위로는 다양한 것이 있는데, 본 실험의 결과를 다음 밀도 단위로 환산해 보아라.

(a) lb/gal

(b) lb/ft^3

(c) g/cm^3

실험 3 수화물 결정의 성질과 수분 함량

많은 이온 화합물들은 수용액으로부터 침전을 형성하게 되면 고체의 이온 결정에 물분자가 결합하게 된다. 이온성 수화물 또는 수화된 화합물(hydrate)이라 불리는 이와 같은 화합물은 결정 격자 안에 물분자를 포함하게 된다. 대표적인 예로, 진한 푸른색의 아름다운 결정인 황산 구리(II) 오수화물(copper(II) sulfate pentahydrate, $CuSO_4 \cdot 5H_2O$)이 있는데, 이는 황산 구리 한 분자당 물 다섯 분자를 가지고 있다(즉 황산 구리 1 몰에 대해 5 몰의 물이 결합되어 있음을 가리킨다). 여기에 결합된 물을 '수화된 물(water of hydration)'이라 부른다. 수화물의 몰질량은 수화된 물의 질량도 포함하므로 $CuSO_4 \cdot 5H_2O$의 몰질량은 249.6 g(159.5 g의 $CuSO_4$ + 90.1 g의 5몰 H_2O)이다. 이 물분자들은 매우 단단히 결합되어 있는 것이 아니기 때문에 결정을 가열하면 쉽게 날아가 버리게 된다. 푸른색 결정인 이 수화물이 가열함에 따라 물을 잃고, 무수물(anhydrates)이 되면서 흰색 결정을 띠게 된다.

$$CuSO_4 \cdot 5H_2O(s) \overset{\triangle}{\rightleftharpoons} CuSO_4(s) + 5H_2O(g)$$

만일 건조된 결정을 수분을 포함하고 있는 공기에 노출시키면 다시 물을 흡수하여 다섯 분자의 물을 갖는 수화물을 만드는데, 이 과정을 재수화(rehydration)라고 한다.

$$CuSO_4(s) + 5H_2O(g) \rightleftharpoons CuSO_4 \cdot 5H_2O(s) + \text{heat}$$

염화 바륨 이수화물($BaCl_2 \cdot 2H_2O$)의 경우는 약 100℃에서 결정 격자 사이의 물을 잃고, 다음과 같이 무수 염화 바륨을 만든다.

$$BaCl_2 \cdot 2H_2O(s) \overset{\triangle}{\rightleftharpoons} BaCl_2(s) + 2H_2O(g)$$

수화물의 예는 우리 주변에서도 쉽게 발견할 수 있는데 대표적인 것이 건축자재로 널리 사용되는 석고보드이다. 석고보드는 황산 칼슘 무수물($CaSO_4$)과 우리가 흔히 석고(gypsum)라 부르는 수화된 황산 칼슘($CaSO_4 \cdot 2H_2O$)을 함께 포함하고 있다. 석고를 120 내지 180℃로 가열하면 수화된 물의 일부가 제거되고 소석고(plaster of Paris)라고 불리는 황산 칼슘 반수화물($(CaSO_4)_2 \cdot H_2O$)이 형성된다.

$$2CaSO_4 \cdot 2H_2O(s) \overset{\triangle}{\rightleftharpoons} (CaSO_4)_2 \cdot H_2O(s) + 3H_2O(g)$$

이 화합물은 흔히 깁스라고 불리는 의료용 주물로 널리 사용되는데, 물을 가하면 몸의 부분에 바를 수 있는 반죽이 되고 굳어지면서, 물이 더 수화되고 부피가 늘어나 단단한 보호 주물을 형성하는 것이다(반죽된 석고가 굳게 되는 과정은 위의 부분적 탈수 반응의 반대 과정이다).

이외에도 흔히 쓰이는 수화된 이온 화합물로는 세탁 소다(washing soda)라고 불리며 물의 연화제로 사용되는 탄산 소듐 십수화물($NaCO_3 \cdot 10H_2O$), 사진 현상에 사용되는 싸이오황산 소듐 오수화물($Na_2S_2O_3 \cdot 5H_2O$), 그리고 사리염(Epsom salts)이라 불리며 민간 치료제로 사용되는 황산 마그네슘 칠수화물($MgSO_4 \cdot 7H_2O$) 등이 있다.

수산화 이온(OH^-)을 가지고 있는 이온 결합 화합물을 가열할 때, 용융하는 대신 분해되어, 고체인 금속 산화물과 수증기인 H_2O를 만들기도 한다. 예를 들면, 소석회 $Ca(OH)_2$를 약 600℃로 가열하면 생석회와 수증기로 분해된다.

$$Ca(OH)_2(s) \overset{\triangle}{\rightleftharpoons} CaO(s) + H_2O(g)$$

기구 및 시약

화학 저울, 데시케이터, 시계 접시, 보호 안경, 보호 장갑, 전열기

$CuSO_4 \cdot 5H_2O$, $CoCl_2 \cdot 6H_2O$, $Ni(NO_3)_2 \cdot 6H_2O$

실 험 과 정

1. 수화물 결정의 성질

$CuSO_4 \cdot 5H_2O$, $CoCl_2 \cdot 6H_2O$, $Ni(NO_3)_2 \cdot 6H_2O$를 1.0 g 정도씩을 정확히 달아, 미리 무게를 단 시계 접시 세 개에 각각 넣는다. 시계 접시 세 개를 전열기에서 가열하면서 어떤 변화가 일어나는지를 관찰한다.

2. 수분 함량 계산

위의 가열된 시계 접시를 데시케이터 속에서 실온까지 식힌 후 무게를 단다. 원래 수화물이 들어 있던 시계 접시의 무게와의 차이를 이용하면 수화물의 퍼센트를 알 수 있다. 이 실험을 세 번 반복하라.

예 비 보 고 서

대학 학과 학번 성명 조

실험 제목 :

1. 실험목적 :

2. 이론 :

3. 기구 및 시약 :

4. 실험방법 :

결 과 보 고 서

대학 ______ 학과 ______ 학번 ______ 성명 ______ 조 ______

실험 제목 :

1. 원리 :

2. 기구 및 시약 :

3. 결과 :

- 수화물 결정의 성질

	수화물 색깔	무수물 색깔
$CuSO_4 \cdot 5H_2O$		
$CoCl_2 \cdot 6H_2O$		
$Ni(NO_3)_2 \cdot 6H_2O$		

- 수분 함량

ⓐ $CuSO_4 \cdot 5H_2O$

시계 접시 무게 (g)	
취한 $CuSO_4 \cdot 5H_2O$ 무게 (g)	
건조후 시계 접시 + $CuSO_4$ 무게 (g)	
날아간 H_2O 무게 (g)	
날아간 H_2O %	
평균 %	

ⓑ $CoCl_2 \cdot 6H_2O$

시계 접시 무게 (g) __________

취한 $CoCl_2 \cdot 6H_2O$ 무게 (g) __________

건조후 시계 접시 + $CoCl_2$ 무게 (g) __________

날아간 H_2O 무게 (g) __________

날아간 H_2O % __________

평균 % __________

ⓒ $Ni(NO_3)_2 \cdot 6H_2O$

시계 접시 무게 (g) __________

취한 $Ni(NO_3)_2 \cdot 6H_2O$ 무게 (g) __________

건조후 시계 접시 + $Ni(NO_3)_2$ 무게 (g) __________

날아간 H_2O 무게 (g) __________

날아간 H_2O % __________

평균 % __________

4. 고찰 및 의문점 :

문 제

1. 다음을 정확하게 영어명과 우리말 명으로 명명하라.
   (a) $CuSO_4 \cdot 5H_2O$ (b) $CoCl_2 \cdot 6H_2O$ (c) $Ni(NO_3)_2 \cdot 6H_2O$ (d) $Na_2B_4O_7 \cdot 10H_2O$

2. 수화물을 가열하여 무수물을 만들 때 색깔 변화가 일어나는 이유는 무엇인가?

3. 도서관 참고서적의 Handbook of Chemistry and Physics를 이용하여 $CaCl_2 \cdot 6H_2O$가 몇 도에서 $CaCl_2 \cdot 2H_2O$로 변화하는지 조사하고 반응식을 완결하라.

4. 민간 치료제로 사용되는 사리염(Epsom salts)이라 불리는 황산 마그네슘 칠수화물 두 스푼(20 g)을 사용했다면, 이때 사용한 수화물은 몇 몰에 해당하는지 계산하라.

5. 보라색을 띠는 염화 코발트(II)의 분자식을 예상하라.

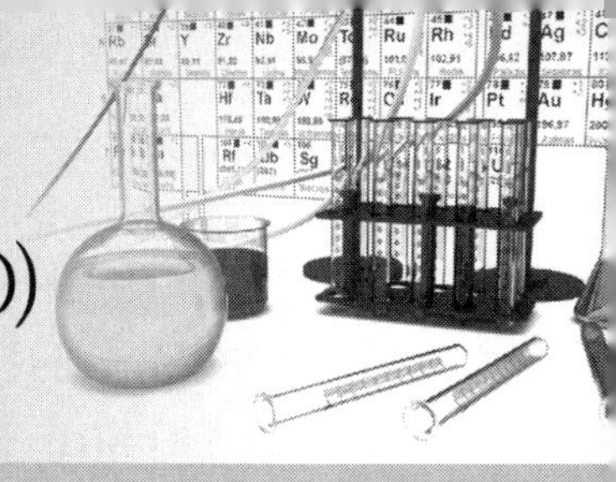

실험 4 황산철(II) 수화물 ($FeSO_4 \cdot 7H_2O$) 결정 제조

황산철(II) 칠수화물 (Iron(II), Ferrous Sulfate Heptahydrate, $FeSO_4 \cdot 7H_2O$, 분자량: 277.9 g)는 copperas(카퍼러스)라고도 불리는 청록색의 단사정계 결정이다.

고체의 일곱 가지 결정계를 표 4-1과 그림 4-1에 나타내었다.

[표 4-1] 일곱 가지 결정계(The Seven Crystal System)

시스템	격자 파라미터간의 관계	결정 예
입방정계(cubic)	$a=b=c,\ \alpha=\beta=\gamma=90°$	NaCl, KCl, 다이아몬드, Cu, Ag
정방정계(tetragonal)	$a=b\neq c,\ \alpha=\beta=\gamma=90°$	주석, SnO_2
직방정계(orthorhombic)	$a\neq b\neq c,\ \alpha=\beta=\gamma=90°$	KNO_3, K_2SO_4, $BaSO_4$, $PbCO_3$
단사정계(monoclinic)	$a\neq b\neq c,\ \alpha=\gamma=90°\neq\beta$	$Na_2SO_4 \cdot 10H_2O$
삼사정계(triclinic)	$a\neq b\neq c,\ \alpha\neq\beta\neq\gamma\neq 90°$	$CuSO_4 \cdot 5H_2O$, $K_2Cr_2O_7$
삼방정계(trigonal) / rhombohedral	$a=b=c,\ \alpha=\beta=\gamma\neq 90°$	방해석, 석영, $NaNO_3$
육방정계(hexagonal)	$a=b\neq c,\ \gamma=120°$	흑연, ZnO, CdS

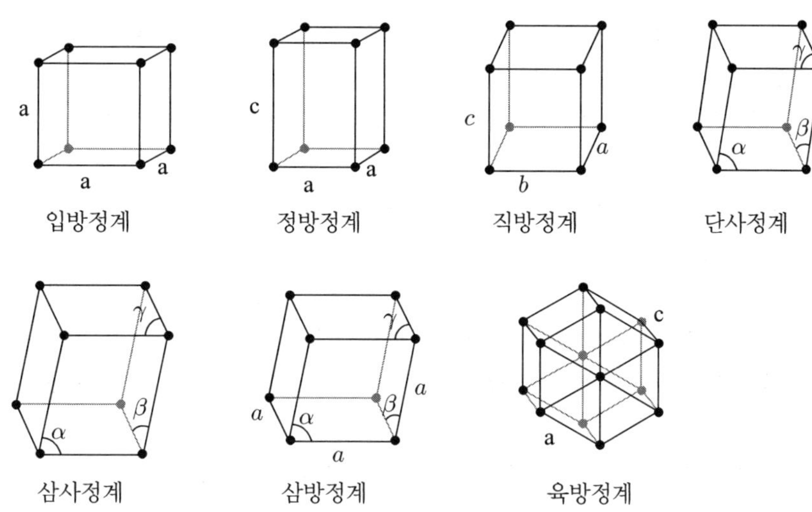

[그림 4-1] 일곱가지 결정계(The Seven Crystal System)

철가루와 묽은 황산을 반응시키면 황산철(II) 칠수화물 결정을 얻을 수 있다.

$$Fe + H_2SO_4 + \chi H_2O \rightarrow FeSO_4 \cdot 7H_2O + H_2 + yH_2O$$

이 결정은 물에 용해되고 알코올에는 용해되지 않으므로, 물과 에탄올에 대한 용해도 차이를 이용하여 결정으로 분리할 수 있다.

황산철(II) 칠수화물 결정을 공기 중에 방치하면 결정수의 일부를 잃어버리며, 또 표면으로부터 산화되어서 황갈색의 황산 수산화 철(III)이 생성된다. 56.6℃에서 물을 잃고 사수화물이 되며, 65℃에서는 일수화물이 된다. 일수화물은 흰색 또는 노란색의 결정으로 300℃에서 무수물이 되며, 더 온도를 올리면 분해된다.

황산철(II) 칠수화물 결정은 철가루를 묽은 황산에 용해하거나 물에 적신 황철석(FeS_2)을 공기 중에서 산화시켜 얻을 수 있는데, 철강업(steel pickling) · 이산화 타이타늄(TiO_2) 제조공정 등에서 부산물로 얻어지기도 한다.

응용분야는 철단(鐵丹)의 제조, 양모의 매염제, 청색안료나 검정 잉크의 제조, 암모니아 제조의 촉매, 환원제, 방부제, 청사진 감광제, 아이오딘 침전제 등이다. 또한 자성 재료인 산화 제이철 (Iron(III) Oxide, ferric oxide, Fe_2O_3)의 제조에 사용된다.

기구 및 시약

비커(300 mL), 부흐너 깔때기, 감압 플라스크, 눈금 실린더(50 mL), 여과지, 물중탕기, 피펫(5 mL), 유리 막대, 철가루, 95 % 진한 황산(비중; 1.840), 에탄올

실 험 과 정

1. 비커(300 mL)에 물 20 mL을 넣고, 진한 황산 6 g을 잘 저어주면서 서서히 가하여 묽은 황산으로 만든다.
2. 철가루 5 g을 저으면서 조금씩 넣는다. 한꺼번에 넣으면 거품이 많이 생겨 처리하기가 곤란해진다.
3. 물중탕에서 가열하여 과잉으로 존재하는 철이 그 이상 녹지 않는 것이 확인되면 더운 용액을 여과한다.
4. 용액을 에탄올 12 mL 중에 유리 막대로 잘 저으면서 가한다. 결정이 잘 보이지 않으면, 침전제인 에탄올을 조금 더 가해준다.
5. 거른액 1 mL를 시험관에 넣고 냉각시켜서 생긴 결정의 색과 모양을 관찰한 후 에탄올에 있는 결정과 합친다.
6. 석출한 결정을 여과하고 여과지를 눌러, 빨리 마르게 한 후 무게를 잰다.

주의사항

진한 황산을 묽은 황산으로 희석할 때, 발열 반응이 일어나므로 반드시 물이 담긴 비커에 황산을 서서히 넣어야 한다.

예비보고서

대학 학과 학번 성명 조

실험 제목 :

1. 실험목적 :

2. 이론 :

3. 기구 및 시약 :

4. 실험방법 :

결 과 보 고 서

대학 학과 학번 성명 조

실험 제목 :

1. 원리 :

2. 기구 및 시약 :

3. 결과 :

얻은 황산철(II) 칠수화물 결정의 무게 ____________ g

황산철(II) 칠수화물 결정의 이론적 수득량 ____________ g

황산철(II) 칠수화물의 수득율 ____________ %

문 제

1. 이 실험에서 얻은 결정의 모양과 색을 관찰하라.

2. 수득율이 이론치와 일치하지 않는 이유를 설명하라.

3. 물중탕으로 가열하는 이유를 설명하라.

4. 결정을 고온에서 건조시키지 않는 이유를 설명하라.

5. 인체에는 철이 헤모글로빈 형태로 들어있다. 헤모글로빈의 역할을 설명하라.

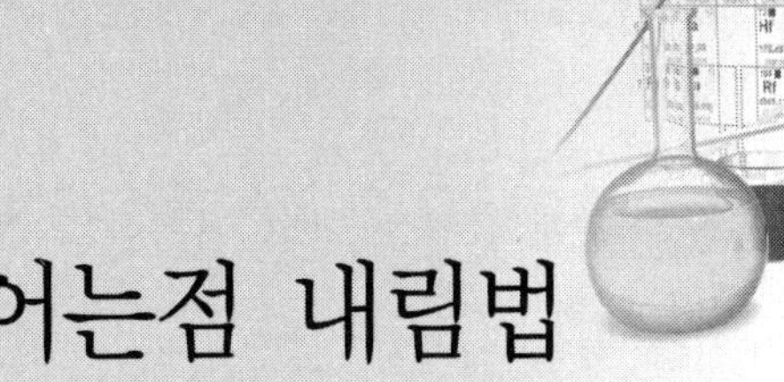

실험 5 분자량 결정 : 어는점 내림법

용질을 가했을 때 용매의 어는점이나 끓는점은 용질의 양에 따라 달라진다. 이러한 변화는 용질과 용매 분자의 상대적인 수와 분자 사이의 인력에 따라 달라진다. 비휘발성 용질을 포함하는 용액의 어는점과 끓는점의 변화를 그림 5-1에 나타내었다. 용액의 경우 어는점은 정상 어는점보다 내려가고, 끓는점은 정상 끓는점보다 올라감을 알 수 있다.

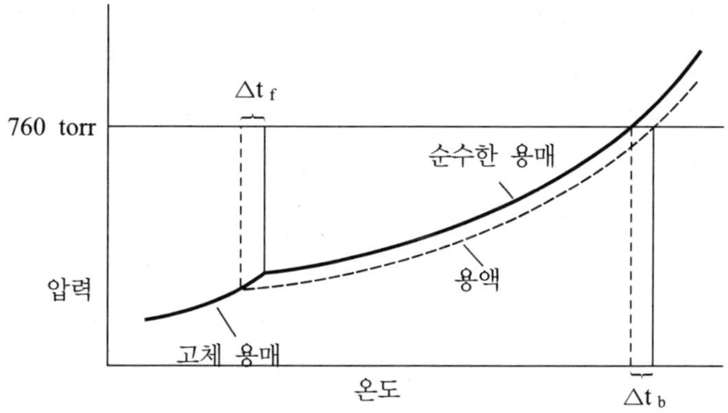

[그림 5-1] 증기압력 내림곡선

용질을 가할 때의 어는점 내림은 다음 식으로 표현된다.

$$\Delta T_f = K_f m$$

여기에서 K_f는 몰랄 어는점 내림 상수, m은 몰랄 농도를 나타낸다. 이 식은 다음 식과 같이 고쳐 쓸 수 있다.

$$\Delta T_f = \frac{1000 K_f w_{용질}}{M_{용질} w_{용매}}$$

여기에서 $M_{용질}$은 용질의 분자량(몰질량)을, $w_{용질}$, $w_{용매}$는 각각 용질과 용매의 질량을 나타낸다. 이 식을 $M_{용질}$에 대하여 정리하면 다음과 같다.

$$M_{용질} = \frac{1000 K_f w_{용질}}{\Delta T_f w_{용매}} \quad (K_f = 6.90)$$

용질과 용매의 양을 알고 어는점을 측정하면, 이 식으로부터 용질의 분자량을 결정할 수 있다.

기구 및 시약

500 mL 비커 두 개, 시험관, 시험관 집게, 초시계, 솜, 가열식 자석 교반기, 온도계, 나프탈렌, 다이페닐아민

실험과정

500 mL 비커에 시험관을 넣은 다음, 솜을 채워 구멍을 만든다. 다른 500 mL 비커에 물을 넣고 가열식 자석 교반기를 사용하여 가열한다. 10 g 정도의 나프탈렌의 질량을 정확히 측정하여 시험관에 넣고 물이 든 비커에 넣어 물중탕을 한다. 나프탈렌이 완전히 녹은 후 온도계를 시험관에 넣는다. 시험관을 물에서 꺼내어, 표면의 물기를 완전히 제거하고, 비커 솜 구멍 속으로 다시 넣는다. 30초마다 온도를 측정하고, 온도의 변화가 거의 없을 때까지 온도를 기록하여, 순수한 나프탈렌의 어는점을 측정한다. 이 시험관에 2 g 정도의 다이페닐아민($C_{12}H_{11}N$)의 질량을 정확히 측정하여 넣고, 녹는점 측정을 되풀이하여 이 혼합물의 어는점을 결정해, 순수한 나프탈렌의 어는점과의 차이로 ΔT_f를 결정한다. 추가로 2 g 정도의 다이페닐아민의 질량을 정확히 측정하여 시험관에 넣고 어는점 측정을 되풀이한다.

예 비 보 고 서

대학 학과 학번 성명 조

실험 제목 :

1. 실험목적 :

2. 이론 :

3. 기구 및 시약 :

4. 실험방법 :

결 과 보 고 서

대학 학과 학번 성명 조

실험 제목 :

1. 원리 :

2. 기구 및 시약 :

3. 결과 :

순수한 나프탈렌의 어는점 ______ ______
나프탈렌 + 2 g 다이페닐아민의 어는점 ______ 어는점 내림 ______
나프탈렌 + 4 g 다이페닐아민의 어는점 ______ 어는점 내림 ______
다이페닐아민의 분자량 ______ ______

4. 고찰 및 의문점 :

문 제

1. 용액의 총괄성이란 무엇인가?

2. NaCl을 물에 녹였다면 어는점 내림 현상을 이해할 때 어떤 점을 고려해야 하는가?

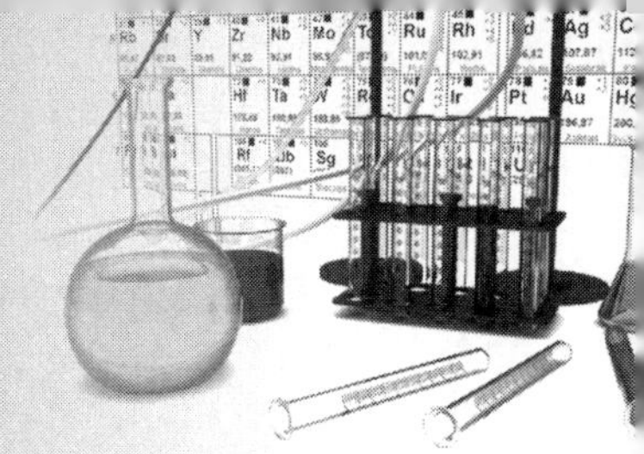

실험 6 용액과 용해도

한 물질이 다른 물질에 녹아 있을 때 이를 용액(solution)이라고 한다. 평균 직경이 0.05 ~ 0.25 nm 정도 되는 원자, 분자 혹은 작은 이온들이 균일하게 섞인 혼합물로 정의되는데, 용액을 형성하기 위해 녹아 들어가는 물질을 용질(solute), 녹이는 물질을 용매(solvent)라고 한다. 용매는 일반적으로 훨씬 과량으로 존재하며, 용액의 이름은 용질의 이름을 사용한다. 소금이 물에 녹아있을 때 소금은 용질이고, 용매는 물이며, 용액은 소금용액이 된다. 특별히 용매가 물인 경우를 수용액이라 한다.

용액을 형성하는 원동력은 계가 무질서하게 되려는 경향(열역학 제2법칙)과 용매-용질 사이의 인력을 생각할 수 있다. 따라서 용질과 용매의 성질에 따라 용액형성 정도가 달라지는데, 극성인 물은 무기염을 잘 녹이며, 벤젠, 에테르와 같은 비극성 용매는 유기 물질을 잘 녹인다. 즉 극성 용매는 극성 용질을 잘 녹이고, 비극성 용매는 비극성 용질을 더 잘 녹인다(끼리끼리 녹는다: like dissolves like). 용해도(solubility)는 용매에 녹을 수 있는 용질의 양을 뜻하며, 정확하게 용매 100 g당 녹아 들어가는 용질의 g수를 의미한다. 용해되는 속도는 아래의 요인들에 의해서 달라질 수 있다.

- 용질 입자의 크기
- 용액을 저어줌
- 용액의 온도
- 용액 중 용질의 농도

농도(Concentration)는 녹아있는 용질의 상대적인 양을 뜻한다. 용질의 농도가 용해도와 같을 때, 그 용액은 포화(saturated)되었다고 하며, 용질의 농도가 용해도보다 작을 때는 그 용액은 불포화(unsaturated)되었다고 한다. 용해도에 해당하는 평형농도 이상의 용질을 포함하는 용액은 과포화(supersaturated)용액이라 한다.

기본적으로 농도의 단위에 널리 사용되는 것으로 무게 퍼센트 농도와 몰농도가 있는데, 이들은 모두 용액의 양에 대한 용질의 양을 나타내는 단위이다(용해도의 경우는 용매의 양에 대한 용질의 양에 관한 단위임을 주의하라). 무게 퍼센트 농도는 용액 중 용질의 무게비로서 다음과 같은 식으로 나타낼 수 있다.

$$\text{퍼센트 농도} = \frac{\text{용질의 } g\text{수}}{\text{용질의 } g\text{수} + \text{용매의 } g\text{수}} \times 100\%$$

몰농도(molarity)는 1리터의 용액에 있는 용질의 몰수이며, 다음과 같이 나타낸다.

$$몰농도 = \frac{용질의\ 몰수}{용액의\ 부피(리터)}$$

기구 및 시약

메스 실린더, 저울, 물중탕 냄비, 염화 소듐(NaCl), 염화 암모늄(NH_4Cl)

실험과정

1. 네 장의 무게를 재는 종이에 다음과 같이 표시를 한다. 1.0 g NaCl, 1.4 g NaCl, 1.0 g NH_4Cl, 1.4g NH_4Cl. 표시된 만큼의 무게를 정확히 재어 무게를 기록한 후, 각 종이에 놓는다. 1.0 g씩 잰 시료를 각각의 표시된 두 개 시험관에 넣는다. 시험관에 5 mL의 물을 넣고 마개를 닫은 후, 염이 녹을 때까지 흔들어 준다. 염이 모두 녹았다면 그 용액의 몰농도와 퍼센트 농도를 계산하라.

2. 위에서 잰 1.4 g NaCl은 1.0 g의 NaCl이 들어 있는 시험관에 넣고, 1.4 g의 NH_4Cl은 1.0 g의 NH_4Cl이 들어 있는 시험관에 넣는다. 충분히 흔들어준 후, 각 시험관에서 염이 녹았는가를 관찰한다. 역시 염이 모두 녹았다면 그 용액의 몰농도와 퍼센트 농도를 계산하라.

3. 두 시험관을 마개를 닫지 않은 채 물중탕으로 데워주고 가끔씩 시험관을 꺼내어 흔들어준다. 약 5분 후에 결과를 관찰한다.

4. 시험관을 물중탕에서 빼내어, 시험관의 표면을 찬 수돗물에서 식힌 다음 결과를 관찰한다.

예 비 보 고 서

대학 학과 학번 성명 조

실험 제목 :

1. 실험목적 :

2. 이론 :

3. 기구 및 시약 :

4. 실험방법 :

결 과 보 고 서

대학 ________ 학과 학번 ________ 성명 ________ 조 ________

실험 제목 :

1. 원리 :

2. 기구 및 시약 :

3. 결과 :

1) 1.0 g NaCl과 NH_4Cl 중 어느 것이 5 mL의 물에서 불포화 용액을 만드는가?

	NaCl	NH_4Cl
포화 여부		
퍼센트 농도		
몰농도		

2) 2.4 g의 NaCl과 NH_4Cl 중 어느 것이 상온에서 5 mL의 물에 포화되는가?

	NaCl	NH_4Cl
포화 여부		
퍼센트 농도		
몰농도		

3) ⓐ 높은 온도에서는 어느 염이 덜 녹는가?

ⓑ 다음의 용액이 높은 온도에서 포화 또는 불포화되는가를 나타내어라.

- NH_4Cl
- $NaCl$

4) 높은 온도에서 불포화된 용액이 상온에서 포화되는가를 밝혀라.

4. 고찰 및 의문점 :

절

취

선

문 제

1. 다음 시료의 분자량을 구하라.

   (a) HNO_3 ____________

   (b) $NaHCO_3$ ____________

   (c) $Co(NO_3)_2$ ____________

2. 0.45 몰의 $(NH_4)_2CO_3$의 무게는 얼마인가?

3. $BaSO_3$에서 다음 원소의 무게 퍼센트를 구하라.

   Ba ____________

   S ____________

   O ____________

4. 옥탄올과 메탄올 시료가 있다. 어느 것이 물에 더 잘 녹을까? 어느 것이 휘발유에 더 잘 녹을까? 그 이유를 "끼리끼리 녹는다"라는 개념으로 설명하라.

5. 미량의 농도를 나타내는 ppm과 ppb 단위를 정의하고, 위의 1번 실험결과를 ppm 단위로 나타내어 보라.

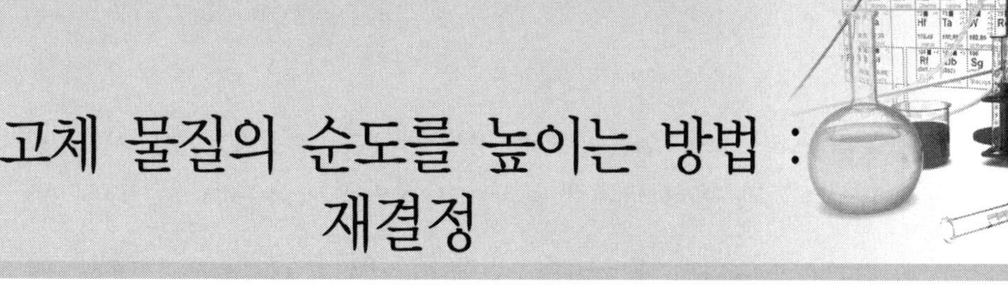

실험 7 고체 물질의 순도를 높이는 방법 : 재결정

재결정이란 순수한 화합물에 약간의 불순물이 섞여 있는 혼합물에 적당한 용매를 사용하여 이 혼합물에 온도를 가하여 용해시킨 후, 다시 혼합물의 온도를 낮추게 되면 순수한 물질은 결정화가 이루어지고 약간의 불순물은 용액 속에 그대로 남아 있게 한 후, 여과를 통하여 순수한 물질을 얻게 되는 것을 말한다. 즉, 순수한 물질과 불순물 간의 적당한 용매에 대한 용해도 차이를 이용하여, 순수한 물질의 순도를 높이는 과정이다. 또한, 용매뿐만 아니라 재결정을 할 때의 온도도 중요한 변수이다. 가열하여 혼합물을 모두 용해시킬 수 있으나, 온도가 낮아지면 혼합 용액의 온도가 낮아지면서 용해도가 낮아지고 일시적으로 과포화가 된다. 이 경우 외부에서 작은 충격을 주어서 과포화된 물질들을 결정으로 얻게 된다. 순수한 물질만 결정으로 얻어지는 것이 이상적이지만, 온도가 적당하지 않으면 불순물도 같이 결정이 되면서 섞여 나오게 되면 순수한 물질의 순도가 떨어지게 된다. 그러므로 적당한 온도가 중요하다. 또한, 결정화가 이루어지는 시간도 매우 중요한데, 천천히 식으면서 결정화가 서서히 일어나야 좋은 결과를 얻을 수 있다. 그러므로 적당한 용매의 선정, 결정화되는 냉각 온도, 그리고 결정화되는 시간이 매우 중요하며 이런 여러 가지가 재결정에 최적화가 되어야만 최대한 많은 순수한 물질을 얻을 수 있다.

기구 및 시약

$K_2Cr_2O_7$, $KAl(SO_4)_2 \cdot 12H_2O$, Al_2O_3, 활성탄(activated charcoal), 삼각 플라스크 두 개, 스탠드, 클램프, 여과지, 비커, 깔때기, 삼발이, 피펫, 증류수, 분쇄얼음, 아이스배스

실 험 과 정

1. 세 가지 시료가 포함된 혼합물 3.4 g을 100 mL 삼각 플라스크에 넣고 증류수 40 mL를 넣어준다(시료: $K_2Cr_2O_7$ 0.2 g, $KAl(SO_4)_2 \cdot 12H_2O$ 3 g, Al_2O_3 0.2 g).

2. 1.의 혼합물 용액 속에 있는 고체 시료가 충분히 녹을 때까지 유리 막대로 저어주면서 가열한다.

3. 2.의 플라스크를 얼음이 있는 용기에 넣고, 결정화되기를 기다린다(결정화가 시작이 안 되면, 유리 막대로 플라스크 벽면을 긁어준다).

4. 결정화가 끝나면, 여과지를 이용하여 결정을 분리한다.

5. 결정을 상온에서 건조 시킨 후, $KAl(SO_4)_2 \cdot 12H_2O$의 질량을 측정한다.

예 비 보 고 서

대학 학과 학번 성명 조

실험 제목 :

1. 실험목적 :

2. 이론 :

3. 기구 및 시약 :

4. 실험방법 :

결 과 보 고 서

대학 학과 학번 성명 조

실험 제목 :

1. 원리 :

2. 기구 및 시약 :

3. 결과 :

4. 고찰 및 의문점 :

- 활성탄을 사용하는 목적은 무엇인가?

- 결정 성장이 천천히 일어나야하는 이유는?

- 재결정으로 고체 물질의 순도를 높이는 데 문제점은?

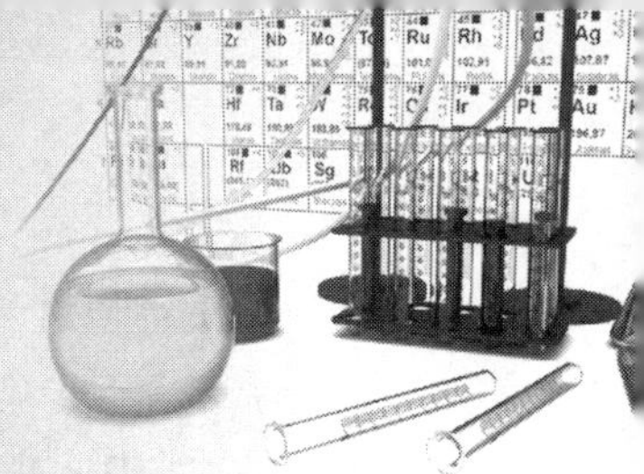

실험 8 아보가드로 수의 결정

동위원소 ^{12}C 12 g에 들어 있는 탄소 원자의 수를 아보가드로 수($N_A = 6.022 \times 10^{23}$)로 정의한다. 원자나 분자가 아보가드로 수만큼 있을 때의 양을 1 몰(mole)이라고 하며, 물질의 양을 나타내는 기본 단위로 사용된다. 아보가드로 수는 탄소 원자 1 몰이 차지하는 부피와 탄소 원자 하나가 차지하는 부피를 각각 알면 구할 수 있다.

물에 잘 녹지 않는 탄소 화합물을 이용하면 탄소 원자 하나의 부피를 대략적으로 추정할 수 있다. 실험에서 사용할 스테아르산은 카복실기(−COOH)로 되어 있는 극성의 끝부분과, 16개의 메틸렌기($-CH_2$)로 되어 있으면서 다른 쪽 끝에는 메틸기($-CH_3$)가 붙어 있는 비극성 꼬리를 가지고 있다(그림 8-1).

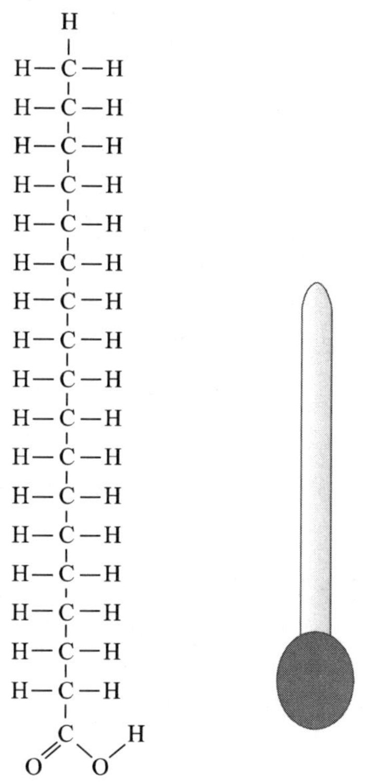

[그림 8-1] 스테아르산의 구조식과 약식 표기

물 표면에 소량의 스테아르산을 첨가하면 단막층이 형성된다(그림 8-2). 스테아르산의 극성 부분(-COOH)이 물에 잘 녹는 반면, 비극성 부분($-CH_2-$)은 잘 녹지 않기 때문이다. 그러나 표면이 스테아르산 분자의 단막층으로 완전하게 덮여진 후에는 더 가한 스테아르산 분자가 둥근 모양의 집합체(micelle)로 뭉치게 된다.

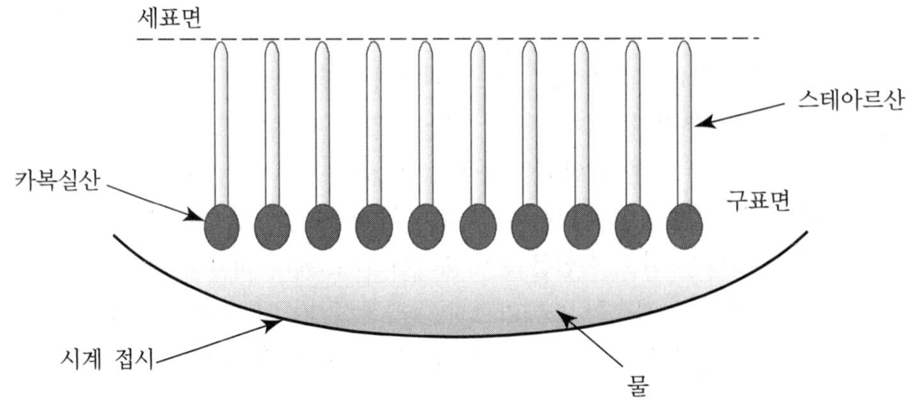

[그림 8-2] 물 표면 위에 놓인 긴 사슬 분자의 단막층

스테아르산 단막층이 물 표면을 완전히 덮을 때까지 물 표면에 스테아르산 분자를 가한다. 스테아르산을 더 가하면 공모양의 렌즈가 액체 표면에 형성된다. 이 점부터 스테아르산 분자는 물 표면에 쌓이게 된다. 물 표면의 넓이와 단막층을 형성한 물질의 부피를 측정할 수 있으면 단막층의 두께(t)를 계산할 수 있다. 이 두께는 스테아르산 분자의 길이와 거의 같다. 위에서 언급한 바와 같이 스테아르산 분자는 18개의 탄소 원자가 연결되어 있다. 이를 원자들이 서로 연결된 작은 입방체라고 가정하면 탄소 입방체의 한 모서리 길이는 t/18이 되고, 모서리 길이의 세제곱을 탄소 원자의 부피로 볼 수 있다.

지구상에 존재하는 탄소는 몇 가지 동위원소가 섞여 있기 때문에 1몰의 평균 질량은 12.011 g이고, 탄소 원자가 그물망 구조로 연결된 다이아몬드의 밀도(3.51 g/cm^3)를 이용하면 탄소 원자 1몰이 차지하는 부피를 쉽게 계산할 수 있다. 즉, 몰질량을 밀도로 나누면 원자의 몰부피를 계산할 수 있다.

다이아몬드를 촘촘히 쌓은 탄소 원자들의 입방체라고 가정하면 아보가드로 수가 차지하는 부피는 바로 1몰의 부피이다. 아보가드로 수를 다음 계산으로 얻는다.

$$N_A = \text{몰부피}(cm^3/mol)\ /\ \text{원자 부피}(cm^3/atom) = \text{입자}/mol$$

기구 및 시약

시계 접시(14 cm), 눈금 실린더(10 mL), 스포이드 피펫, 자, 0.12~0.15g/L 스테아르산 헥산 용액, 50% 메탄올-0.1 M NaOH 용액

실험과정

1. 스포이드 피펫 보정

10 mL 눈금 실린더에 증류수를 1.00 mL 정확히 채운 뒤, 여기서부터 1.00 mL에 해당하는 물방울수를 측정한다. 스포이드 피펫을 증류수로 채우고 피펫을 수직으로 세워 눈금 실린더에 한 방울씩 떨어지게 하면서 방울수를 센다. 이 과정을 오차가 두 방울 이내에 들게 되풀이한다. 이 값에 보정 상수(2.7)를 곱하면 헥산의 방울수가 된다. 피펫을 잡는 각도가 방울수와 방울의 크기에 영향을 준다. 수직에서 45°벗어나면 30% 정도 방울수가 적어진다. 수직의 유지에 주의하라.

2. 단막층을 형성하는 스테아르산 용액의 부피 측정

시계 접시를 메탄올-NaOH 용액에 하루 또는 최소 한 두 시간 담구었다가 증류수로 세척하여 사용하는 것이 좋다(스테아르산은 비누를 만드는 지방산의 한 종류이므로 시계 접시를 비누로 세척해서는 안 된다). 시계 접시의 가장자리까지 증류수를 붓는다. 물 표면의 직경을 자로 측정한다. 원형이 아닌 경우에는 대각선 방향의 길이를 여러 번 측정해서 평균값을 얻는다. 보정한 피펫을 스테아르산 헥산 용액으로 두세 번 헹군다. 피펫을 수직으로 유지하고, 스테아르산 헥산 용액의 방울 수를 세면서 한 방울씩 물 표면에 가한다. 한 방울 떨어뜨린 후 5~10초씩 기다린다. 스테아르산 헥산 용액을 떨어뜨리면 처음에 용액은 전 표면에 퍼진다. 완전한 단막층이 생성될 때까지 계속한다. 단막층이 거의 생성될 즈음 스테아르산이 퍼지는 속도는 점점 느려진다. 단막층이 다 생긴 후에 가한 방울은 퍼지지 않고 물 표면에 그대로 머물게 되며, 마치 콘텍트렌즈 모양을 한다. 만약 이 렌즈가 40~50초 간 지속된다면 용액 한 방울을 더 넣고 끝낸다. 시계 접시를 다시 깨끗이 세척하여 위의 과정을 반복한다. 피펫은 다시 스테아르산 헥산 용액으로 두세 번 씻어내어 사용한다. 실험을 3회 반복한다.

예 비 보 고 서

대학　　　　학과　학번　　　　성명　　　　조

실험 제목 :

1. 실험목적 :

2. 이론 :

3. 기구 및 시약 :

4. 실험방법 :

결 과 보 고 서

대학 ______ 학과 ______ 학번 ______ 성명 ______ 조 ______

실험 제목 :

1. 원리 :

2. 기구 및 시약 :

3. 결과 :

1) 스포이드 피펫 보정

ⓐ 1.00 mL에 해당하는 물의 방울수 __________

ⓑ 1.00 mL에 해당하는 헥산의 방울수
(헥산/물의 보정상수 = 2.7) __________

ⓒ 방울당 mL의 분율 계산 __________

2) 단막층을 형성하는 스테아르산 용액의 부피 측정

ⓐ 물 표면의 직경 __________cm __________cm __________cm

ⓑ 표면을 덮는 데 필요한 스테아르산 헥산의 방울수 (한 방울 더 넣은 것 포함)

__________ __________ __________

3) 스테아르산 단막층의 두께 계산

ⓐ 1)-ⓒ과 2)-ⓑ의 자료를 사용하여 단막층을 형성하는 데 필요한 용액의 부피 계산

__________mL __________mL __________mL

ⓑ ⓐ의 부피를 차지하는 스테아르산의 무게 계산

__________g __________g __________g

ⓒ 물 표면의 단막층에 있는 순수한 스테아르산의 부피 계산
(고체 스테아르산의 밀도 : 0.85 g/mL)

__________mL __________mL __________mL

ⓓ 단막층의 넓이 계산 ($A = \pi r^2$: r은 물 표면의 반경)

__________cm^2 __________cm^2 __________cm^2

ⓔ 단막층의 두께 ($t = V/A$) __________cm __________cm __________cm

4) 탄소 원자의 크기와 부피 계산

ⓐ 탄소 원자의 크기 계산: $s = t/18$ __________cm __________cm __________cm

ⓑ 탄소 원자의 부피 계산: $V = s^3$

__________cm^3/원자 __________cm^3/원자 __________cm^3/원자

5) 탄소 원자 1몰의 부피 계산
(다이아몬드의 밀도 (3.51 g/cm^3)와 탄소의 몰질량 12.011 g 사용)

__________cm^3/몰 __________cm^3/몰 __________cm^3/몰

6) 아보가드로 수의 계산

__________입자/몰 __________입자/몰 __________입자/몰

평균 __________입자/몰

4. 고찰 및 의문점 :

문 제

1. 아보가드로 수를 결정하는 다른 방법들은 어떠한 것들이 있는가?

2. 스테아르산과 물과 관계로부터 비누를 사용한 세탁의 원리를 설명해 보라.

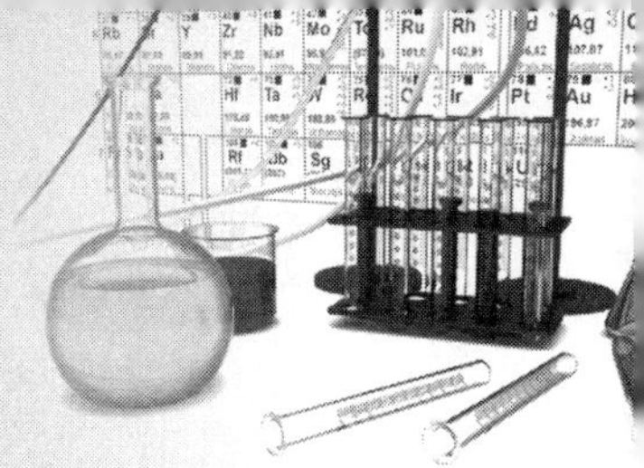

실험 9 산화 · 환원 반응

목 적

전자전달 반응인 산화 · 환원 반응에 대해 이해하고, 금속의 상대적인 반응성을 알아보자.

원 리

산화 · 환원 반응(Oxidation-Reduction reaction)은 전자의 이동으로 일어난다. 어떤 원자가 전자를 잃으면 산화가 일어나고, 전자를 얻으면 환원이 일어난다. 이 반응의 변화는 전자를 포함해서 아래와 같이 적는다.

$$Na \rightarrow Na^{+} + e^{-} \qquad (\text{산화})$$
$$Cl_2 + 2e^{-} \rightarrow 2Cl^{-} \qquad (\text{환원})$$

산화와 환원은 항상 같이 일어난다. 전자를 받아들이는 물질을 산화제(oxidizing agent)라고 부르는데, 이것은 어떤 물질이 산화되는 것을 돕기 때문이다. 전자를 제공하는 물질을 환원제(reducing agent)라고 부르는데, 이 물질이 다른 어떤 물질의 환원을 돕기 때문이다. 그러므로 소듐은 환원제이고, 염소는 산화제이다.

산과 금속의 반응도 산화 · 환원 반응으로서, 산은 환원되고 금속은 산화된다. 예를 들어, 황산과 아연의 반응에서는 아연이 산화되어 산 속에 녹아 들어가게 되고 양성자가 환원되어 수소 기체가 발생하게 된다.

$$Zn(s) + H_2SO_4(aq) \rightarrow ZnSO_4(aq) + H_2(g)$$

또한, 구리를 질산 속에 넣게 되면, 구리는 산화되어 질산 속에 녹아 들어가게 되고 대신 이산화 질소(NO_2)가 기체로 발생되게 된다.

$$4HNO_3(aq) + Cu(s) \rightarrow Cu(NO_3)_2(aq) + 2NO_2(g) + 2H_2O$$

산화 · 환원 반응의 또 다른 예로는 금속과 다른 금속 화합물과의 반응으로서, 이 경우 activity series에 따라 산화가 되기 쉬운 것이 용액 속으로 녹아 나오고, 상대적으로 산화되기 어려운 것은 환원되어 고체로서 석출되게 된다.

그 예로, 아연과 황산 구리의 반응에서는 구리가 환원되어 석출되고, 아연이 산화되어 용액 속에 녹아 들어가게 되는데, 이는 아연이 구리보다 activity series에서 더 산화되기 쉽기 때문이다.

$$Zn(s) + CuSO_4(aq) \rightarrow Cu(s) + ZnSO_4(aq)$$

반면에 구리와 황산 아연의 반응에서는 아무 반응도 안 일어나게 되는데, 그 이유는 위에서 설명한 바와 같이 구리가 산화되려는 경향이 아연보다 약하여 아연이 산화된 그대로 있으려 하기 때문이다.

$$Cu(s) + ZnSO_4(aq) \rightarrow \text{반응 없음}$$

기구 및 시약

비커, 시험관, 아연, 구리 황산 아연, 질산, 황산 구리, 황산 아연, 철가루, 아연 가루, 마그네슘 가루.

실 험 과 정

1. 산과 금속과의 반응

- 시험관에 1 M 황산 5 mL를 넣고, 아연이 코팅된 못을 넣는다. 기체가 발생되는지를 확인한다.
- 시험관에 1 M 질산 5 mL를 넣고, 구리를 넣는다. 암적색의 기체가 발생되는지를 확인한다.

2. 금속과 다른 금속의 화합물과의 반응

- 비커에 0.1 M 황산 구리 용액 10 mL를 넣고, 아연판을 넣는다. 아연판이 어떻게 변하는지 관찰한다.
- 비커에 0.1 M 황산 아연 용액 10 mL를 넣고, 구리판을 넣는다. 구리판이 어떻게 변하는지 관찰한다.

3. 금속이 산화되는 속도

- 세 개의 시험관을 준비하여, 첫 번째 시험관에는 철가루 1 g, 두 번째에는 아연 1 g, 세 번째 시험관에는 마그네슘 1 g을 넣고, 각각의 시험관에 0.1 M 염산 수용액을 5 mL씩 동시에 넣는다. 시험관에서 기체가 발생되는 순서를 관찰한다.

예 비 보 고 서

대학 학과 학번 성명 조

실험 제목 :

1. 실험목적 :

2. 이론 :

3. 기구 및 시약 :

4. 실험방법 :

결 과 보 고 서

대학 학과 학번 성명 조

실험 제목 : 산화·환원 반응

1. 원리 :

2. 기구 및 시약 :

3. 결과 :

1) ⓐ 기체 발생 여부
반응식
산화 과정
환원 과정
ⓑ 기체 발생 여부
반응식
산화 과정
환원 과정

2) ⓐ 아연판의 변화
반응식
ⓑ 구리판의 변화
반응식

3) 기체가 많이 발생되는 순서
각각의 반응에 대한 반응식

문 제

1. $2Mg + O_2 \rightarrow 2MgO$ 반응에서, 어떤 물질이 산화제이고, 어떤 물질이 환원제인가? 어떤 물질이 산화되고, 어떤 것이 환원되었는가?

2. 왜 산화·환원 반응에서 산화와 반응이 동시에 일어나야만 하는가?

3. 수소와 금속에 대한 activity series란 무엇이며, 이것으로부터 알 수 있는 것을 설명하시오.

실험 10 산화 · 환원 적정 : 과망가니즈산법

목 적

과망가니즈산 이온의 산화력을 이용하여 미지 농도 물질의 정량법을 알아본다.

원 리

산화 · 환원 적정은 산화제의 산화력과 환원제의 환원력을 이용하여 시료 속의 분석물을 완전히 산화 또는 환원시키는 데 필요한 양을 측정함으로써 분석물을 정량하는 방법이다. 대표적인 예로는 센 산화제인 과망가니즈산을 이용한 산화 · 환원 적정법이 있고, 지시약이 따로 필요없이 자체 지시약 구실을 한다.

과망가니즈산은 용액의 pH에 따라 생성물이 달라진다.

산성 용액에서는 Mn^{2+}이온으로 환원되며, 다음과 같다.

$$MnO_4^- + 8H^+ + 5e \rightleftarrows Mn^{2+} + 4H_2O \qquad E° = 1.151\ V$$

한편 중성, 염기성 용액에서는 이산화망가니즈 MnO_2의 갈색 침전을 만들면서 환원된다.

$$MnO_4^- + 2H_2O + 3e^- \rightleftarrows MnO_2 + 4OH^- \qquad E° = 1.69\ V$$

일반적으로 과망가니즈산으로 환원제를 적정하는 경우에는 센 산성 용액하에서 진행하는데, 이는 반응 속도도 빠르며 화학량론적으로 반응하기 때문이다.

과망가니즈산은 매우 순수하게 시약으로 얻을 수 없기 때문에 질량만을 달아 정확한 농도의 수용액을 만들 수 없으므로 표준화해야 한다. 표준화하는 데 이용되는 제1차 표준물인 옥살산 이온과 반응은 다음과 같다.

$$2MnO_4^- + 5C_2O_4^{2-} + 16H^+ \rightleftarrows 10CO_2 + 2Mn^{2+} + 8H_2O$$

기구 및 시약

화학 저울, 1 L 부피 플라스크, 갈색병, 250 mL 삼각 플라스크, 10 mL 피펫, 눈금 실린더, 50 mL 뷰렛, 스탠드, 삼발이, 유리 젓개, 온도계, 250 mL 부피 플라스크, 250 mL 피펫, 5 mL 피펫, heater, $KMnO_4$, $Na_2C_2O_4$, H_2SO_4, H_2O_2

실 험 과 정

1. 0.02 M 과망가니즈산 표준용액 만들기

과망가니즈산 포타슘 약 3.2 g 정도를 정확히 달아, 1 L 부피 플라스크에 넣어 증류수에 녹이고, 표선까지 묽혀 용액이 1 L 되게 한 후, 갈색병에 보관한다.

2. 과망가니즈산 용액의 표준화

미리 105℃에서 한 시간 동안 말리고 식힌 제1차 표준물 H_2SO_4를 0.100 g정도씩을 정확히 달아 시료 세 개를 만든다. 그 다음 시료 한 개를 250 mL 삼각 플라스크에 옮겨 6 M H_2SO_4 용액 10 mL를 가하고, 또 여기 증류수 약 100 mL를 가한 다음 용액을 80℃ 정도 되게 가열한다. $Na_2C_2O_4$가 완전히 녹으면 온도 60℃ 이상으로 유지시키면서 1번 과정에서 만든 $KMnO_4$ 용액으로 맹렬히 저어주면서 천천히 넣어준다. 종말점은 과량의 적정액 $KMnO_4$으로 인한 연한 붉은색이 30초 이상 유지되는 지점이다. 이런 실험을 세 번 반복하여 얻은 데이터를 평균하여 표준 용액의 농도를 구한다.

$$M = \frac{1000 \cdot w \cdot 2}{V \cdot FW \cdot 5}$$

여기서 w : 취한 $Na_2C_2O_4$의 무게 (g)

F_w : $Na_2C_2O_4$의 화학식량 (g/mol)

V : $KMnO_4$ 적정 부피 (ml)

M : 구하고자 하는 $KMnO_4$의 표준 농도 (M)

3. 과산화 수소의 정량

250 mL 부피 플라스크에 2.5 mL의 과산화 수소를 피펫으로 취하여 증류수로 표선까지 묽혀서 채운다. 이 용액 25 mL를 250 mL 삼각 플라스크에 취하고, 6 M 황산 용액 5 mL와 증류수 80 mL를 가해 연한 붉은색이 나타나서 30초 이상 지속될 때까지 과망가니즈산 표준 용액으로 적정을 한다. 이런 실험을 세 번 반복한다.

과산화 수소는 산성 용액에서 과망가니즈산과 다음과 같이 반응한다.

$$5H_2O_2 + 2MnO_4^- + 6H^+ \rightleftarrows 2Mn^{2+} + 5O_2 + 8H_2O$$

생성된 Mn^{2+}는 이 반응의 촉매로서의 역할도 한다.

과산화 수소 % 농도를 계산하는 방법은 다음과 같다.

$$H_2O_2\% = \frac{5 \cdot M \cdot V \cdot FW \cdot A}{2 \cdot v \cdot d \cdot 1000 \cdot a}$$

여기서 M : $KMnO_4$ 표준 용액의 농도
V : $KMnO_4$ 표준 용액 적가 부피 (mL)
Fw : 과산화 수소의 화학식량 (g/mol)
v : H_2O_2의 처음 취한 부피 (여기서는 2.5 mL)
d : 처음 취한 H_2O_2의 밀도 (1.11 g/mL)
A : H_2O_2 묽힌 용액의 부피 (mL)
a : H_2O_2 묽힌 용액을 취한 부피 (mL)

참고사항

- $KMnO_4$ 표준 용액은 MnO_2 침전 때문에 끓여서 방치한 후, 여과하여 사용하여야 한다. 이때 여과할 때도 종이 여과지를 사용하지 않고 유리 거르게를 이용하여야 한다.
- $KMnO_4$ 표준 용액은 햇빛에 의해 분해되어 농도 변화가 생기므로 갈색병에 보관하여야 한다.

예 비 보 고 서

대학 학과 학번 성명 조

실험 제목 :

1. 실험목적 :

2. 이론 :

3. 기구 및 시약 :

4. 실험방법 :

결 과 보 고 서

대학 학과 학번 성명 조

실험 제목 : 산화·환원 적정 : 과망가니즈산법

1. 원리 :

2. 기구 및 시약 :

3. 결과 :

- 과망가니즈산 용액의 표준화

취한 $Na_2C_2O_4$의 무게 (g)			
$Na_2C_2O_4$의 화학식량 (g/mol)			
$KMnO_4$의 적정 부피 (mL)			
$KMnO_4$ 표준 용액의 농도 (M)			
평균 M 농도			

- 과산화수소의 정량

$KMnO_4$ 표준 용액 농도 (M)			
과산화 수소의 화학식량 (g/mol)			
처음 취한 H_2O_2의 부피 (mL)			
처음 취한 H_2O_2의 밀도 (mL)			
H_2O_2 묽힌 용액의 부피 (mL)			
H_2O_2 묽힌 용액을 취한 부피(mL)			

$KMnO_4$ 표준 용액 적가 부피 (mL) __________ __________ __________

과산화 수소 % 농도 __________ __________ __________

평균 % 농도 __________

문 제

1. 철(Ⅱ)를 과망가니즈산으로 적정 때의 반응식은 어떠하며, 종말점은 어떻게 알 수 있는가?

2. 과망가니즈산 표준 용액의 농도를 N 농도로 얻을 수 있는 식을 유도하여 설명하라.

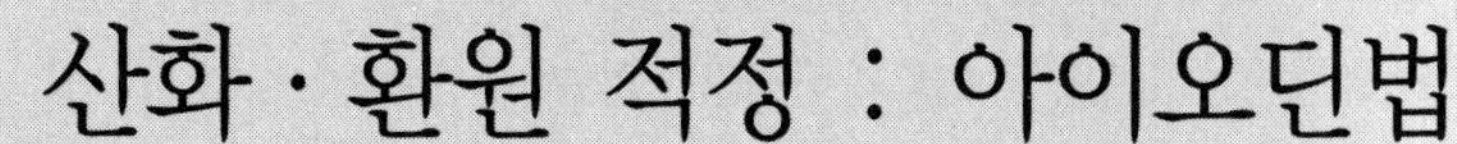

실험 11 산화·환원 적정 : 아이오딘법

아이오딘법 적정에는 두 종류가 있다. 하나는 삼아이오딘화 이온(I_3^-)을 산화제 적가 시약으로 사용하여 환원제를 직접 적정하여 정량하는 아이오딘법(iodimetry)이다. 예를 들면 Sn^{2+}를 I_3^-로 직접 적정하여 정량하는 것이다.

$$Sn^{2+}(aq) + I_3^-(aq) = Sn^{4+}(aq) + 3I^-(aq)$$

다른 하나는 산화제 용액에 아이오딘화 이온을 과량으로 가하여 정량적으로 삼아이오딘화 이온을 생성시켜 이의 양을 측정함으로서 산화제를 간접적으로 정량하는 아이오딘화법(iodometry)이다. 예를 들면 중성 또는 약한 산성 용액에서 Cu^{2+}는 과량의 I^-와 반응하여 I_3^-를 정량적으로 생성한다.

$$2Cu^{2+}(aq) + 5I^-(aq) = I3^-(aq) + 2CuI(aq)$$

생성된 삼아이오딘화 이온의 양을 알아내기 위해 싸이오황산 소듐($Na_2S_2O_3$) 표준 용액으로 적정을 한다.

$$3I_3^-(aq) + 6S_2O_3^{2-}(aq) = 9I^-(aq) + 3S_4O_6^{2-}(aq)$$

싸이오황산 소듐 표준 용액을 만들어 표준화하려고 할 때, 제1차 표준물로 아이오딘산 포타슘(KIO_3)을 사용한다. 이때 아이오딘산 포타슘은 산성 용액하에서 과량의 아이오딘화 이온(I^-)과 반응을 하여 정량적으로 삼아이오딘화 이온(I_3^-)을 만들어 낸다.

$$IO_3^-(aq) + 8I^-(aq) + 6H^+(aq) = 3I_3^-(aq) + 3H_2O(l)$$

아이오딘법의 종말점은 용액에 삼아이오딘화 이온이 더 이상 반응하지 않는 지점이며, 아이오딘화법의 종말점은 용액 중에 삼아이오딘화 이온이 모두 없어지는 지점이다. 종말점에서 I_3^-의 농도는 매우 작아 연한 노란색을 띠게 되므로, 종말점을 식별하기가 쉽지 않다. 이때 종말점을 좀 더 쉽게 식별하기 위하여 녹말 지시약을 사용한다. 녹말 지시약은 I_3^-와 진한 푸른색의 착물을 형성하고, I_3^-가 모두 없어지면 무색으로 변하게 된다.

기구 및 시약

500 mL 부피 플라스크, 화학 저울, 뷰렛, 스탠드, 뷰렛 클램프, 250 mL 삼각 플라스크,

5 mL 피펫, 10 mL 피펫, 100mL 눈금 실린더, $Na_2S_2O_3 \cdot 5H_2O$, Na_2CO_3, KI, H_2SO_4, $CuSO_4 \cdot 5H_2O$, KIO_3, Hg_2I_2, 녹말 지시약(2 g의 가용성 녹말에 25 mL의 증류수를 넣어 반죽을 만든다. 여기에 끓는 물 500 mL를 천천히 저으면서 가하고 1~2분간 끓여서 맑은 용액이 되면, 보존제로서 5 mg의 Hg_2I_2를 가한다. 식혀서 시약병에 넣어 보관한다)

실험과정

1. 싸이오황산 소듐 표준 용액 만들기

$Na_2S_2O_3 \cdot 5H_2O$ 12.4 g 정도를 정확히 달아 500 mL 부피 플라스크에 취한다. Na_2CO_3 0.05g을 달아 함께 넣어주고 그 다음 끓여서 식힌 증류수를 이용하여 용해시키고 표선까지 묽힌다.

제1차 표준물인 순수한 KIO_3 0.09 g정도를 정확히 달아 250 mL 삼각 플라스크에 취한다. 여기에 40 mL의 증류수를 가해 용해시키고 순수한 KI 1.5 g과 0.5 M H_2SO_4 용액을 10 mL 가한다. 그 다음 잘 저어주면서 위에서 만든 싸이오황산 소듐 용액으로 적정한다. 적정하는 동안 용액의 색깔이 연한 노란색으로 될 무렵 녹말지시약 용액을 2 mL 정도를 가하여 푸른색으로 만든 후 무색으로 될 때까지 천천히 조심스럽게 계속 적정한다. 이 실험을 세 번 반복한다. 표준 용액의 농도를 구하는 계산식은 다음과 같다.

$$M = \frac{6 \cdot W}{FW \cdot V}$$

여기서 M : 구하려고 하는 $Na_2S_2O_3$의 정확한 몰농도(M), W: 취한 KIO_3의 질량(g), FW : KIO_3의 화학식량(214.0 g), V: $Na_2S_2O_3$용액의 적가 부피(L), 6: ($Na_2S_2O_3$의 몰수) = 6 × (KIO_3의 몰수)

2. 구리의 정량

0.5 g정도의 $CuSO_4 \cdot 5H_2O$를 정확히 달아서 250 mL 삼각 플라스크에 넣고 증류수 50 mL를 가하여 용해시킨다. 이 용액에 KI를 약 1.5 g 정도를 가하고 흔들어서 I_3^-를 만든다. 이때 만들어진 I_3^-를 실험 과정 1에서 만든 $Na_2S_2O_3$ 표준 용액으로 적정하고, 용액의 색깔이 연한 노란색이 될 무렵 녹말 지시약 용액을 2 mL 가한다. 그 다음 푸른색이 흰색이 될 때까지 서서히 계속 적정한다. 이 실험을 세 번 반복한다. 적가 부피를 이용하여 Cu의 함량 %를 계산하는 식은 다음과 같다.

$$Cu\,\% = \frac{M \cdot V \cdot AW}{W} \times 100$$

여기서 M : $Na_2S_2O_3$ 표준 용액의 몰농도(M), V : 적정에서 소비된 $Na_2S_2O_3$ 표준 용액의 부피(L), AW : Cu의 원자량(63.546 g/mol), W : 취한 $CuSO_4 \cdot 5H_2O$의 무게(g)

예 비 보 고 서

대학 학과 학번 성명 조

실험 제목 :

1. 실험목적 :

2. 이론 :

3. 기구 및 시약 :

4. 실험방법 :

결 과 보 고 서

대학 ______ 학과 ______ 학번 ______ 성명 ______ 조 ______

실험 제목 :

1. 원리 :

2. 기구 및 시약 :

3. 결과 :

1) 싸이오황산 소듐 표준 용액 만들기

KIO_3 취한 무게 (g)			
KIO_3 화학식량 (g/mol)			
$Na_2S_2O_3$ 적가 부피 (L)			
$Na_2S_2O_3$ 표준 용액의 농도 (M)			
평균 농도 (M)			

2) 구리의 정량

$CuSO_4 \cdot 5H_2O$ 취한 무게 (g)			
Cu의 원자량 (g/mol)			
$Na_2S_2O_3$ 표준 용액의 농도 (M)			
$Na_2S_2O_3$ 표준 용액의 적가 부피(L)			
Cu %			
평균 함량 %			

4. 고찰 및 의문점 :

문 제

1. 아이오딘화법에서는 반응 용액에 아이오딘화 포타슘을 화학량론적인 비보다 항상 과량으로 넣어준다. 그 이유는 무엇인가?

2. 녹말 지시약을 적정 처음부터 넣어주는 것이 아니라 종말점 가까이에서 넣어주는 이유는 무엇인가?

3. 만일 녹말 지시약을 사용할 수 없는 센 산성 용액에서는 사염화 탄소나 클로로폼을 1 ~2 mL 가하고 적정한다. 그 이유는 무엇인가?

4. $Na_2S_2O_3$ 표준 용액을 만들 때 증류수는 끓여서 식힌 것을 사용하여야 한다. 그 이유는 무엇인가?

알코올 농도 측정

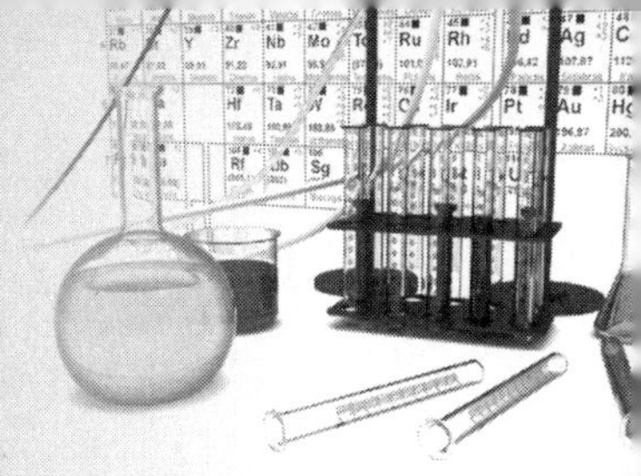

CH_3CH_2OH(에틸 알코올, ethyl alcohol)을 주황색의 $K_2Cr_2O_7$과 산화 반응시키면 CH_3CO_2H(아세트산, acetic acid)와 녹색의 Cr^{3+}로 되는 화학반응이 일어나는데, 이때 생기는 반응 용액의 색깔의 변화를 이용하여 알코올의 농도를 알아낼 수 있다. 이 실험에서는 미지의 시료 속에 들어 있는 알코올의 농도를 알아내고자, 여러 가지 알코올의 농도에 대한 반응용액의 색깔 변화 시간을 측정하여 그래프로 작성한 후, 이 그래프로부터 미지 시료의 알코올의 농도를 알아내고자 한다.

이 실험에 관계된 반응식은 다음과 같다.

$$CH_3CH_2OH + Cr_2O_7^{2-} \rightarrow CH_3CO_2H + Cr^{3+}$$

이 식을 완결시키기 위해서는 다음과 같은 단계가 필요하다.

1단계 산화 반응과 환원 반응으로 나누기.

산화 반응; $CH_3CH_2OH \rightarrow CH_3CO_2H$
환원 반응; $Cr_2O_7^{2-} \rightarrow Cr^{3+}$

2단계 H와 O가 아닌 원자의 개수를 맞추기.

산화 반응; $CH_3CH_2OH \rightarrow CH_3CO_2H$
환원 반응; $Cr_2O_7^{2-} \rightarrow 2Cr^{3+}$

3단계 O가 필요하면 H_2O를 사용하여 O의 균형을 맞추기.

산화 반응; $H_2O + CH_3CH_2OH \rightarrow CH_3CO_2H$
환원 반응; $Cr_2O_7^{2-} \rightarrow 2Cr^{3+} + 7H_2O$

4단계 H가 필요하면 H^+를 사용하여 H의 균형을 맞추기.

산화 반응; $H_2O + CH_3CH_2OH \rightarrow CH_3CO_2H + 4H^+$
환원 반응; $14H^+ + Cr_2O_7^{2-} \rightarrow 2Cr^{3+} + 7H_2O$

5단계 전자를 사용하여 전하수를 맞추기.

산화 반응; $H_2O + CH_3CH_2OH \rightarrow CH_3CO_2H + 4H^+ + 4e^-$
환원 반응; $6e^- + 14H^+ + Cr_2O_7^{2-} \rightarrow 2Cr^{3+} + 7H_2O$

6단계 산화 반응과 환원 반응에 나타난 전자수의 균형을 맞추기.

산화 반응; $(H_2O + CH_3CH_2OH \rightarrow CH_3CO_2H + 4H^+ + 4e^-) \times 3$
환원 반응; $(6e^- + 14H^+ + Cr_2O_7^{2-} \rightarrow 2Cr^{3+} + 7H_2O) \times 2$

7단계 산화 반응과 환원 반응을 합하기.

$$3H_2O + 3CH_3CH_2OH \rightarrow 3CH_3CO_2H + 12H^+ + 12e^-$$
$$12e^- + 28H^+ + 2Cr_2O_7^{2-} \rightarrow 4Cr^{3+} + 14H_2O$$

$$12e^- + 28H^+ + 3H_2O + 3CH_3CH_2OH + 2Cr_2O_7^{2-} \rightarrow$$
$$3CH_3CO_2H + 4Cr^{3+} + 14H_2O + 12H^+ + 12e^-$$

그러므로 완성된 반응식은 다음과 같다.

$$3CH_3CH_2OH + 2Cr_2O_7^{2-} + 16H^+ \rightarrow 3CH_3CO_2H + 4Cr^{3+} + 11H_2O$$

기구 및 시약

$K_2Cr_2O_7$, H_2SO_4, 에탄올, 증류수, 시험관, 시험관대, 유리 막대, 초시계, 스포이드, 피펫, 부피 플라스크

실 험 과 정

1. 용액만들기
   1) 10% 알코올 용액 : 250mL 비커에 99.5% 에탄올 10g, H_2SO_4 10g, 그리고 물 80g을 넣는다.
   2) 1)에서와 같은 비율로 20%, 30%, 40%, 50% 용액을 만들어 준비한다(H_2SO_4는 전체 용액 부피의 10%의 비율로 넣는다).

2. 알코올 용액의 농도에 따른 산화 반응 시간 측정

1) 10% 알코올 용액 5mL를 취하여 시험관에 넣는다.
2) $K_2Cr_2O_7$ 0.01g을 1)의 시험관에 넣고 잘 흔든 후, 알코올 용액의 색이 노란색에서 짙은 푸른색으로 변할 때까지 걸리는 시간을 초시계로 측정한 후 기록한다.
3) 10% 용액 대신 20%, 30%, 40%, 50% 용액을 이용하여 1), 2)의 실험을 반복한다.
4) 위 결과를 결과보고서에 있는 그래프에 점으로 표시하고, 이렇게 표시한 점들과 가장 근접한 직선을 그린다.

3. 그래프를 이용한 미지 시료 알코올 농도 측정

1) 준비되어 있는 미지 시료를 5mL 취하여 시험관에 넣는다.
2) $K_2Cr_2O_7$ 0.01g을 미지 시료가 담겨있는 시험관에 넣고, 알코올 용액의 색이 노란색에서 짙은 푸른색이 될 때까지 걸리는 시간을 초시계로 측정한 후, 기록한다.
3) 실험방법 2에서 얻은 그래프에서 미지 시료의 알코올 농도를 구한다.

주의사항

1. 시험관은 모두 같아야 하며 중간 크기의 시험관을 사용한다(큰 시험관을 사용 할 경우 $K_2Cr_2O_7$을 0.05g을 사용한다).
2. 그래프 작성 시 큰 오차값을 내포하는 데이터는 사용하지 않는다.

예 비 보 고 서

대학 학과 학번 성명 조

실험 제목 :

1. 실험목적 :

2. 이론 :

3. 기구 및 시약 :

4. 실험방법 :

결 과 보 고 서

대학 ______ 학과 ______ 학번 ______ 성명 ______ 조 ______

실험 제목 :

1. 원리 :

2. 기구 및 시약 :

3. 결과 :

농도	10%	20%	30%	40%	50%	미지 시료
시간						

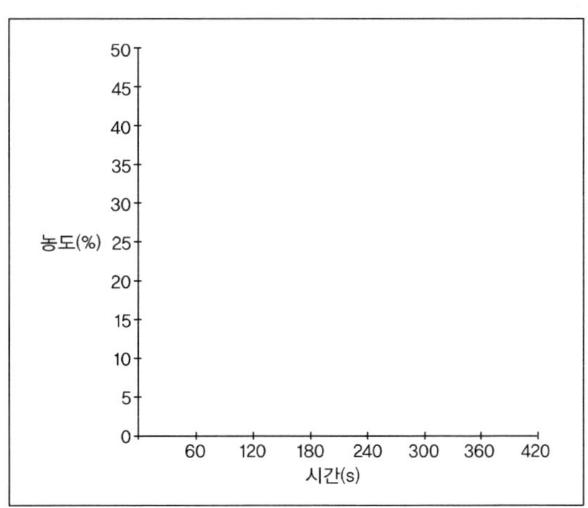

미지 시료의 농도(%) ______

문 제

1. 이 실험방법과 다른 음주 측정에 사용되는 방법은 무엇인가?

2. 다음 반응을 완결시키시오.

$$Cr_2O_7^{2-} + Fe^{2+} \rightarrow Cr^{3+} + Fe^{3+}$$

3. 황산의 역할은 무엇인가?

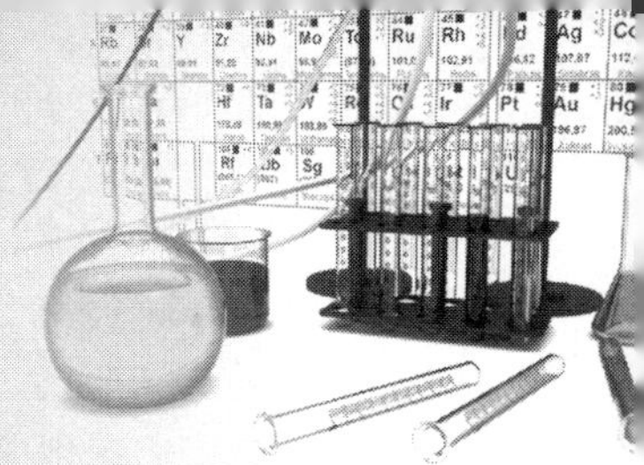

실험 13 종이 크로마토그래피

크로마토그래피(Chromatography)란 혼합물을 고정상(stationary phase)과 이동상(moving phase)에 분배시켜 분리하는 것을 말하며, 기본적인 원리는 혼합물을 이룬 각각의 성분들이 두 상에 분배되는 분배비가 다름을 이용하는 것으로서, 이동상에 있는 한 성분이 고정상에 흡착되는 정도가 클수록 이 성분은 이동하지 않으려 할 것이고, 고정상에 흡착되는 정도가 작으면 이동이 잘 될 것이다. 이 이동되는 정도의 차이에 의해 분리가 되는 것이다. 크로마토그래피에는 관(column), 얇은 막(thin-layer), 종이(paper), 기체(gas), 그리고 액체(liquid) 크로마토그래피 등의 종류가 있으며, 이것은 사용되는 상의 종류에 따라 분류된다.

종이 크로마토그래피는 아주 미량의 물질을 정성적으로 확인하는 데 매우 편리한 방법이다. 혼합물인 시료의 용액을 거름종이 위에 점적하고 말린 다음, 물로 포화된 전개 용매 속에 한쪽 끝을 담그어 두면 용매는 모세관 인력으로 인하여 종이 위쪽으로 퍼져 올라 가거나(상행 전개법), 또는 중력에 의하여 아래쪽 방향으로 이동하게 된다(하행 전개법). 거름종이에 흡착된 물은 고정상이 되고, 물과 잘 섞이지 않는 전개 용매는 이동상의 구실을 하고, 다만 거름종이의 셀룰로스는 고정상의 지지체에 해당한다. 이때 시료의 성분들도 용매와 함께 이동하지만, 이동하는 동안에 물과 전개 용매에 대한 용해도(분배 계수)의 차이에 따라 이동 속도가 다르다. 즉 유기 용매에 잘 녹는 성분은 덜 녹는 성분보다 먼 곳까지 이동한다. 이리하여 혼합물의 성분은 거름종이 위에서 분리된다. 종이 위에서 분리된 각 성분의 위치는 적당한 발색 시약을 뿌려서 쉽게 확인될 수 있다. 각 성분의 이동거리는 R_f 값으로 나타낸다(그림 13-1). 어떤 한 혼합물의 R_f 값은 똑같은 조건하에서는 일정하지만 온도, 용매의 pH, 거름종이, 용매의 종류에 따라 달라진다.

$$R_f = \frac{\text{용질의 이동 거리}(b)}{\text{용매의 이동 거리}(a)}$$

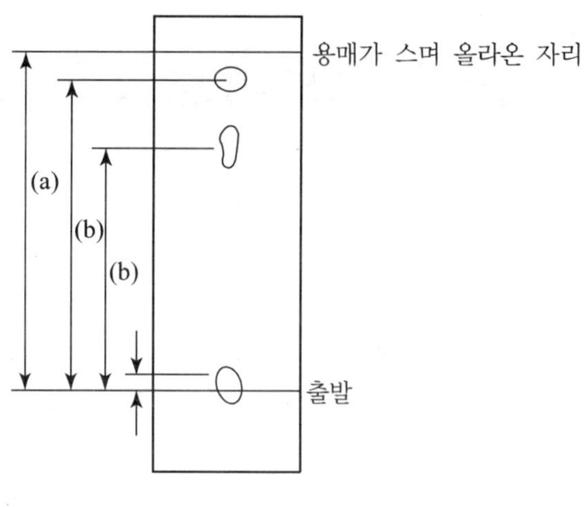

[그림 13-1] R_f 측정법

기구 및 시약

$Cu(NO_3)_2$, $Fe(NO_3)_3$, $Ni(NO_3)_2$, HCL, 아세톤, NH_4SCN, 다이메틸글리옥심(1 % 에탄올 용액), 분무기, 실린더, 고무마개, 거름종이(Whatman No. 1. 10×5cm), 모세관, 헤어드라이어, 핀셋, 전개 용매(Acetone/conc-HCI/water: 19 mL/4 mL/2 mL).

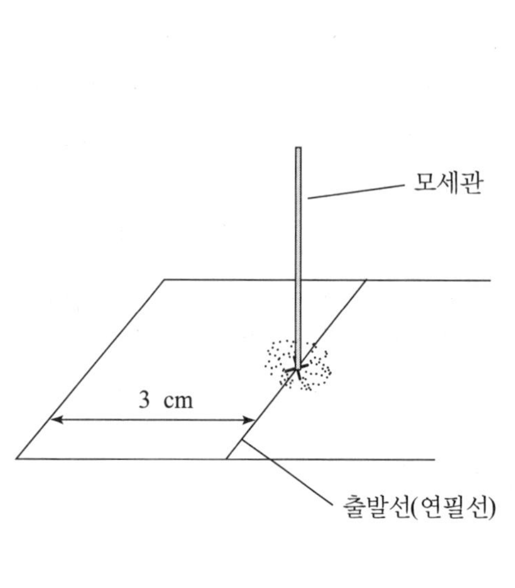

[그림 13-2] 시료 혼합물 점적

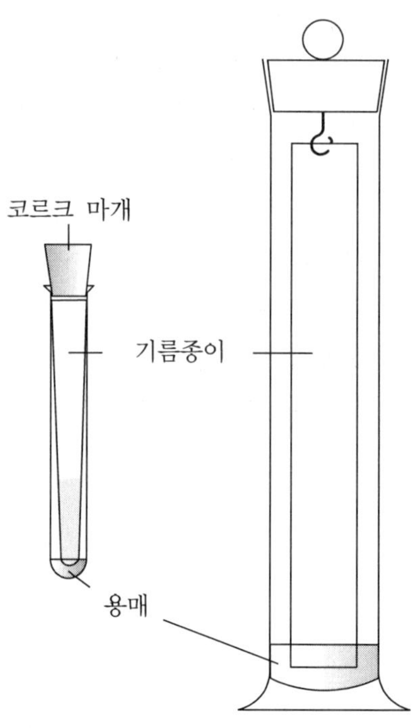

[그림 13-3] 종이 크로마토그래피 장치

실험과정

1. 비커에 전개 용매를 바닥에서 2.0 cm 정도 되게 넣고 마개를 닫는다.

2. 거름종이의 가장자리로부터 약 3 cm 정도 위에 연필로 흐리게 수평선을 긋는다. 이 선위에 X표를 네 개 하고, 여기에 $Cu(NO_3)_2$용액, $Fe(NO_3)_3$용액, $Ni(NO_3)_2$용액, 혼합 용액의 시료를 모세관으로 점적한다. 점적 후 빨리 마르지 않으면 헤어드라이어로 말린다. 점적의 크기는 가능한 한 작을수록 좋으며, 2~3 cm가 넘지 않도록 한다.

3. 바닥에서 2.0 cm 정도 되게 전개 용매가 들어 있는 비커에 시료를 점적한 거름종이를 넣고 뚜껑을 덮는다. 거름종이가 비커 벽에 닿지 않도록 한다. 점적한 시료가 용매 속에 잠기지 않도록 조심하여야 한다.

4. 전개가 다 된 후, 비커로부터 종이를 꺼내어 연필로 전개 용매가 올라간 곳을 표시하고 가열램프로 종이를 말린다.

5. 따로 준비한 비커에 다섯 방울 정도의 진한 암모니아수를 떨어뜨리고, 여기에 전개한 거름종이를 꺼내어 말린 후, 발색된 부분을 확인한다($Cu(NH_3)_4^{2+}$ → 진한 청색).

6. 다음에는 다이메틸글리옥심의 용액에 말린 후, 색을 띠는 부분을 확인하고(Ni-DMG: 붉은색), 이 거름종이를 싸이오사이안산 암모늄 용액에 넣었다가 꺼내서 말린 후, 붉은색이 되었는지를 확인한다($FeSCN^{2+}$).

7. 각각의 R_f 값을 구한다.

주의사항

- 헤어드라이어 사용시 옆 사람의 신체에 바람이 가지 않도록 조심한다.
- 시료를 점적할 때, 점적의 크기가 너무 크지 않도록 조심하고 조금씩 여러번 점적한다.

예 비 보 고 서

대학 학과 학번 성명 조

실험 제목 :

1. 실험목적 :

2. 이론 :

3. 기구 및 시약 :

4. 실험방법 :

결과보고서

대학 ______ 학과 학번 ______ 성명 ______ 조 ______

실험 제목 :

1. 원리 :

2. 기구 및 시약 :

3. 결과 :

▪ R_f값 및 색깔 변화

$Cu(NO_3)_2$ 용액 ______ ______

$Fe(NO_3)_3$ 용액 ______ ______

$Ni(NO_3)_2$ 용액 ______ ______

4. 고찰 및 의문점 :

문 제

1. 종이에 시료를 점적한 부분이 전개 용매에 잠기면 안 된다. 그 이유는 무엇인가?

2. 점적한 부분이 가능한 한 작아야 되는 이유는 무엇인가?

아스피린

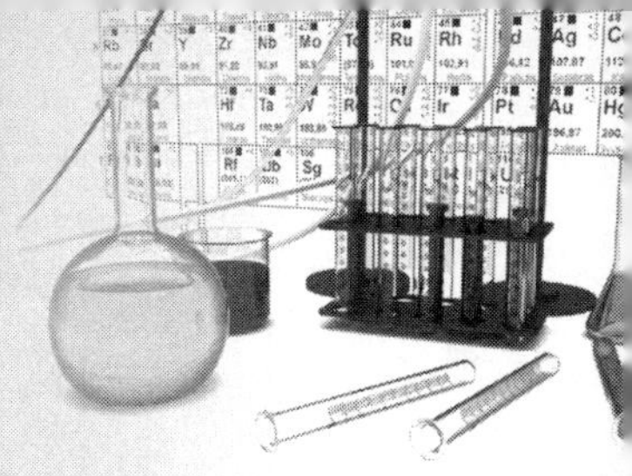

아스피린(aspirin)은 예로부터 진통, 해열제로 널리 사용되고 있으며, 최근에는 순환기 병에 대한 치료제로도 사용되고 있는 매우 많이 알려져 있는 약이다.

아스피린의 시작은 버드나무 껍질에서 약효가 있는 부분을 추출해서 얻은 살리실산(salicylic acid)으로부터 시작되었으며, 독일 Baeyer 회사의 연구진이 살리실산의 여러 가지 유도체를 합성하는 과정 중에 아세틸살리실산(acetylsalicyclic acid, aspirin)을 만들었으며, 이 화합물이 오늘날 많이 사용되고 있는 아스피린이다.

아스피린은 H_2SO_4를 촉매로 하여 살리실산(salicylic acid)과 아세트산 무수물(acetic anhydride)의 반응으로부터 합성할 수 있다.

살리실산 (OH, COOH) + 아세트산 무수물 (H_3C–CO–O–CO–CH_3) $\xrightarrow{H_2SO_4}$ 아스피린 (H_3C–CO–O, COOH) + CH_3COOH

살리실산	아세트산 무수물	아스피린
분자량 : 138.12	분자량 : 102.09	분자량 : 180.15
녹는점 : 159℃	녹는점 : 140℃	녹는점 : 128 ~ 137℃

기구 및 시약

삼각 플라스크, 비커, 온도계, 전열기, 감압 플라스크, 부흐너 깔때기, 살리실산, 아세트산 무수물, H_2SO_4

실 험 과 정

1. 100mL 삼각 플라스크에 살리실산 3 g과 아세트산 무수물 7 mL를 넣고 H_2SO_4 1 mL을 가한다.

2. 반응 혼합물을 80°C에서 약 20분간 가열한다.

3. 이 반응 혼합물을 상온으로 식히면 아스피린이 결정으로 석출되기 시작한다. 만일 결정이 석출되지 않으면, 유리 막대로 플라스크 벽면을 긁거나, 반응 혼합물을 찬물로 식힌다.

4. 결정 석출이 끝나면, 차가운 물 60 mL를 가한 후, 감압 거름 장치로 여과하면서 차가운 물 5 mL을 사용하여 두 번 결정을 씻어준다.

5. 생긴 결정을 상온에서 건조시킨 후, 무게를 달고 수득률을 구한다.

예 비 보 고 서

대학 학과 학번 성명 조

실험 제목 :

1. 실험목적 :

2. 이론 :

3. 기구 및 시약 :

4. 실험방법 :

결 과 보 고 서

대학 　　　 학과 　 학번 　　　 성명 　　　 조

실험 제목 :

1. 원리 :

2. 기구 및 시약 :

3. 결과 :

살리실산 분자량	________ g/mol
사용한 살리실산 무게	________ g
사용한 살리실산 몰수	________ mol
아세트산 무수물산 분자량	________ g/mol
사용한 아세트산 무수물의 부피	________ mL
사용한 아세트산 무수물의 무게(d=1.08g/ml)	________ g
사용한 아세트산 무수물의 몰수	________ mol
얻은 아스피린의 무게	________ g
아스피린의 이론적 수득량	________ g
아스피린의 수득률	________ %

4. 고찰 및 의문점 :

문 제

1. 다음 화합물의 구조를 쓰시오.
   a) 살리실산

   b) 아세틸살리실산

   c) 아세트산 무수물산

2. 아스피린이 만들어지는 반응식을 쓰고, 그 반응 메커니즘(mechanism)을 쓰시오.

3. 아스피린과 비슷한 생리적 성질을 지닌 약들 중에는 이부프로펜(ibuprofen, 상품명 Advil)과 아세트아미노펜(acetaminophen, 상품명 Tylenol)이 있다. 이 화합물들의 구조를 알아보고, 아스피린과 구조적으로 비슷한 점과 차이점을 설명하시오.

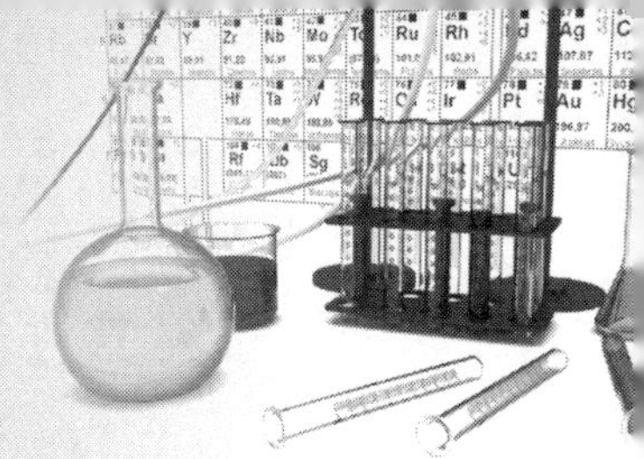

실험 15 비누

지방을 염기성 용액으로 가수분해하면 비누(Soap)가 만들어진다. 염기성 용액으로는 주로 양잿물(NaOH 수용액)을 쓴다. 사슬이 긴 카르복실산 에스테르인 지방에 양잿물을 넣어 반응시키면, 지방은 사슬이 긴 카르복실산의 염(비누)과 글리세롤로 분해된다.

$$\begin{array}{l} H_2O-O-\overset{\overset{O}{\|}}{C}-(CH_2)_{16}CH_3 \\ \quad | \\ HC-O-\overset{\overset{O}{\|}}{C}-(CH_2)_{16}CH_3 \\ \quad | \\ H_2C-O-\overset{\overset{O}{\|}}{C}-(CH_2)_{16}CH_3 \end{array} + 3\,NaOH \xrightarrow{\text{열}} \begin{array}{l} \quad H_2C-OH \\ \quad\quad | \\ H-C-OH \\ \quad\quad | \\ \quad H_2C-OH \end{array} + 3\,Na^{+}\,{}^{-}O-\overset{\overset{O}{\|}}{C}-(CH_2)_{16}CH_3$$

지방 (glycerol tristearate, a fat) + NaOH ⟶ 글리세롤 (glycerol) + 비누 (sodium stearate, a soap)

비누의 구조는 극성인 물에 녹는 극성 부분(염 부분)과 비극성인 기름에 녹는 비극성 부분(긴 사슬 부분)으로 이루어져 있으며, 비누 분자가 더러운 옷이나 피부 등의 표면에 있는 기름과 같은 비극성 오물과 만나게 되면 비극성인 긴 사슬부분이 비극성 오물과 결합하게 되고, 극성 부분인 이온성 카르복실산 염 부분은 극성인 물과 결합하게 된다. 물 속에 많은 양의 비누 분자가 있게 되면, 비누의 비극성인 긴 사슬부분이 서로 뭉쳐 방울(micelle)을 형성하여 물속에 떠 있게 되며, 이때 물을 버리게 되면, 비누의 긴 사슬부분에 결합되어 있던 오물도 함께 제거될 수 있다.

비누를 만들 때 사용되는 지방으로는 동물성 지방으로 소기름, 돼지비계, ... 등이 있으며, 식물성 기름으로는 올리브 기름, 옥수수 기름, 땅콩 기름 ... 등 여러 가지가 있다. 또한, 사용하고 남은 폐식용유로도 비누를 만들 수 있다.

기구 및 시약

비커, 메스 실린더, 유리 젓개, 95% 에탄올, 돼지비계, 소금, 부흐너 깔때기

실 험 과 정

1. 100 mL 비커에 물 10 mL와 95% 에탄올 10 mL를 넣고, 여기에 NaOH 3 g을 넣어서 녹인다.

2. 다른 100 mL 비커에 식용유(또는 다른 지방이나 기름) 5 mL을 넣고, 여기에 실험과정 1.에서 만든 용액을 넣는다.

3. 실험과정 2.에서 만든 용액을 물중탕으로 약 30분간 가열하면서 잘 젓는다. 이때, 물과 95% 에탄올이 1:1로 섞인 용액을 10 mL를 가열하는 동안 조금씩 첨가한다.

4. 또 다른 250 mL 비커에 물 80 mL와 소금 10 g을 넣고 잘 저어 녹여둔다. 이 소금 수용액을 차게 한 후, 여기에 실험과정 3.에서 만든 용액을 붓고 3분 동안 잘 젓는다.

5. 감압거름장치를 사용하여, 생긴 비누를 여과하면서 물 5 mL로 두 번 씻는다.

6. 상온에서 건조시킨 후, 무게를 잰다.

주의사항

- NaOH 용액이 손에 닿지 않도록 한다.

예 비 보 고 서

대학 학과 학번 성명 조

실험 제목 :

1. 실험목적 :

2. 이론 :

3. 기구 및 시약 :

4. 실험방법 :

결 과 보 고 서

대학 ______ 학과 ______ 학번 ______ 성명 ______ 조 ______

실험 제목 :

1. 원리 :

2. 기구 및 시약 :

3. 결과 :

취한 지방의 무게 ______ mL
생긴 비누의 무게 ______ g

4. 고찰 및 의문점 :

문 제

1. 비누(Soap)와 세제(detergent)의 차이점을 설명하시오.

2. 세제의 예를 하나 이상 들고, 어떻게 만들 수 있는지 설명하시오.

3. 비누를 만드는 과정 중에 소금을 넣는 이유는 무엇인가?

실험 16 분배비

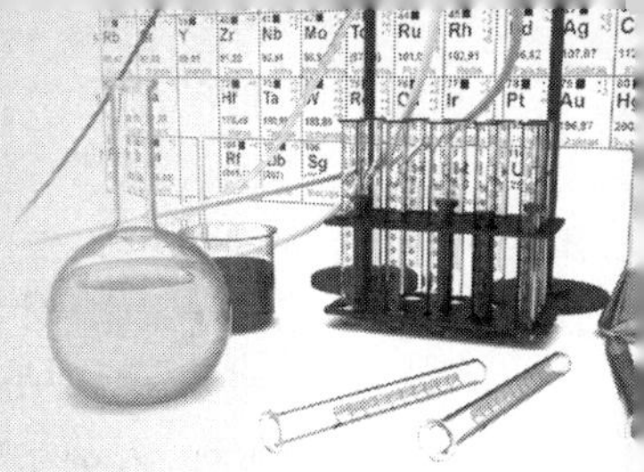

목 적

이 실험의 목적은 서로 섞이지 않는 물과 유기 용매 사이에서 일어나는 용질의 분배비를 공부하는 데 있다.

원 리

용질 A가 들어 있는 용액에, A는 녹이지만 처음 넣어준 용매하고는 서로 섞이지 않는 두 번째 용매를 넣어 흔들면, 용질이 두 개의 서로 섞이지 않는 용매에 각각 녹아 들어가서 평형을 이루며, 두 용액에서 용질의 농도는 불균일상 평형 분배 상수로 관계된다.

$$K_d = \frac{a(A)o}{a(A)w}$$

물과 유기 용매에 있어 A의 활동도를 각각 a(A)w와 a(A)o라 하면 활동도의 비, 즉 평형 상수 K_d는 온도에 따라서 변한다.

K_d를 분배 계수(distribution coefficient)라 하며, 용질 A의 두 용매에 대한 용해도 비와 거의 같다.

벤조산 HB가 벤젠과 물에 분배하는 경우에 벤조산은 수용액에서 이온화 반응을 한다.

$$HB \leftrightarrows H^+ + B^-$$

벤젠상에서는 수소 결합을 통해 다음과 같은 회합 반응이 일어난다.

$$2HB \leftrightarrows (HB)_2$$

따라서 이 분배 평형에서는 세 가지 화학 종, 즉 $(HB)_2$, HB, B^- 가 각각 고유한 분배 계수 K_d를 갖고 있다. 활동도를 몰농도로 근사하여 K_d를 표현하면 다음과 같다.

$$K_d((HB)_2) = [(HB)_2]o \ / \ [(HB)_2]w$$
$$K_d(HB) = [HB]o \ / \ [HB]w$$
$$K_d(B^-) = [B^-]o \ / \ [B^-]w$$

여기서 [ ]o와 [ ]w는 각각 유기 용매와 물 층에서 화학 종의 몰농도를 의미한다. 그런데 B^-는 대부분 물층에 분배하고, 이합체 $(HB)_2$는 대부분 유기층에 분배한다. 따라서 두 용액 상에 존재하는 각 화학 종의 전체적인 비는 다음과 같고, 이 값 C를 분배비(distribution ratio)라 한다. C는 실험 조건에 따라 변한다.

$$C = \frac{\text{유기층의 전체 벤조산}}{\text{물층의 전체 벤조산}} = \frac{[(HB)_2]o + [HB]o}{[HB]w + [B^-]w}$$

기구 및 시약

5 mL, 10 mL, 25 mL 피펫, 50 mL 뷰렛, 100 mL 분액 깔때기, 100 mL 비커, 100 mL 삼각 플라스크, 스탠드, 스포이드, 벤조산(C_6H_5COOH), 사염화 탄소(CCl_4), 수산화 소듐(NaOH), 페놀프탈레인.

실험과정

두 개의 100 mL들이 분액 깔때기에 각각 0.2 N, 0.1 N 벤조산의 사염화 탄소 용액 25 mL씩을 피펫으로 취한다. 각 분액 깔때기에 증류수 25 mL씩을 가한다. 분액 깔때기의 마개를 막고 3~5분 동안 흔들어 섞는다. 분액 깔때기를 바로 세워 방치하면 두 층으로 분리된다.

아래 층(사염화 탄소층) 용액을 100 mL들이 비커에 취한다. 이때, 위층 (수용액층)의 용액이 섞여나오지 않도록 주의하라. 아래층 용액이 다소 남아있는 상태에서 코크를 잠그면 된다. 이 용액 15 mL를 피펫으로 정확히 취하여 100 mL들이 삼각 플라스크에 옮기고 증류수 10 mL를 가한 후, 페놀프탈레인 지시약을 사용하여 0.1 N NaOH 표준 용액으로 적정한다. 묽힘 절차를 조심스럽게 정확히 하면, 적정하는 횟수를 줄일 수 있다. 적정 도중 삼각 플라스크를 세게 흔들어 준다. 그리고 적정은 적어도 두 번씩은 반복하여야 한다.

$$\text{분배비} = \frac{\text{사염화 탄소층의 벤조산 농도}}{\text{물층의 벤조산 농도}}$$

주의사항

- CCl_4는 유독 기체를 발생시켜 간에 손상을 줄 수 있으니 마시지 않도록 주의할 것.
- 벤조산은 물보다 CCl_4에 더 잘 용해되기 때문에 CCl_4에 녹인다.
- CCl_4와 물의 불균일 혼합물을 너무 세게 흔들면 에멀젼이 형성되어 두 층 사이의 분리가 어렵다.

예 비 보 고 서

대학 학과 학번 성명 조

실험 제목 :

1. 실험목적 :

2. 이론 :

3. 기구 및 시약 :

4. 실험방법 :

결 과 보 고 서

대학 ______ 학과 ______ 학번 ______ 성명 ______ 조 ______

실험 제목 : 분배비

1. 원리 :

2. 기구 및 시약 :

3. 결과 :

	0.1N 벤조산	0.2N 벤조산
CCl_4층 취한 부피		
NaOH 표준 용액 농도		
CCl_4층의 NaOH 표준 용액 적정 부피		
CCl_4층의 벤조산 농도		
물층 취한 부피		
NaOH 표준 용액 농도		
물층의 벤조산 농도 (전체 벤조산 농도 − CCl_4층의 벤조산 농도)		

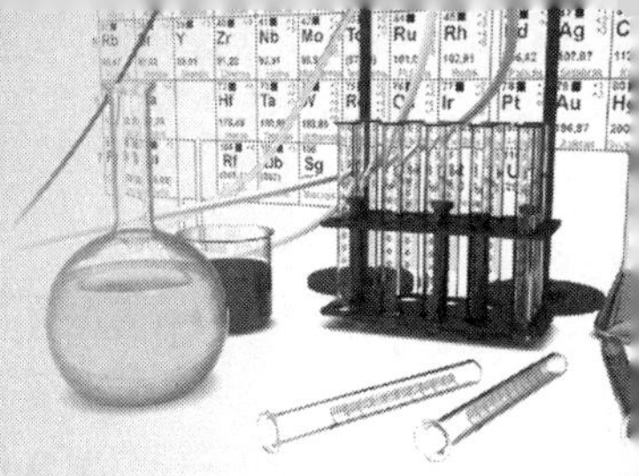

실험 17 나일론 합성

현재 우리는 일상생활에서 매우 많은 고분자(polymer) 제품들을 사용하고 있다. 고분자는 천연 고분자(natural polymer)와 합성 고분자(synthetic polymer)로 나눌 수 있다. 천연 고분자로는 탄수화물, 지방, 단백질 등이 있다. 합성 고분자로는 실험실에서 다양한 monomer들로부터 여러 가지의 합성방법을 사용하여 매우 다양한 고분자들을 합성할 수 있다. 캐러더스(Wallae Hume Carothers)는 분자의 양 끝에 카르복실(-COOH)기를 가진 다이카르복실산(dicarboxylic acid, HOOC-Y-COOH) 화합물과 분자의 양쪽 끝에 아민(-NH_2)기를 가진 다이아민(diamine, $H_2N\text{-}X\text{-}NH_2$) 화합물을 축합 중합하여 섬유 고분자를 합성하였다. 아디프산과 헥사메틸렌다이아민을 반응시켜 얻은 것이 최초의 합성섬유인 나일론 6,6(nylon 6,6)이라는 섬유이다. 6,6이라는 이름은 다이아민 분자의 탄소수와 아디프산(adipic acid)분자의 탄소수가 모두 여섯 개씩이라서 붙여진 이름이다.

$$\underset{\text{아디프산}}{HOOC(CH_2)_4COOH} + \underset{\text{헥사메틸렌다이아민}}{H_2N(CH_2)_6NH_2} \longrightarrow \underset{\text{나일론 6,6}}{-(OC(CH_2)_4CONH(CH_2)_6NH)-_n}$$

실험실에서 손쉽게 나일론을 만드는 방법은 반응성이 큰 산염화물과 아민을 반응시키는 것이다. 즉, 염화 세바코일(sebacoyl chloride)과 헥사메틸렌다이아민(hexamethylenediamine)을 실온에서 반응시키는 것으로 그 결과 나일론 6,10이 얻어진다.

$$\underset{\text{염화 세바코일}}{ClOC(CH_2)_8COCl} + \underset{\text{헥사메틸렌다이아민}}{H_2N(CH_2)_6NH_2} \xrightarrow{NaOH} \underset{\text{나일론 6,10}}{-(OC(CH_2)_8CONH(CH_2)_6NH)-_n}$$

이번 실험에서는 반응성이 좋은 염화 세바코일과 헥사메틸렌다이아민을 반응시켜 나일론 6, 10을 합성하고자 한다. 다이클로로메테인에 녹인 염화 세바코일과 물에 녹인 헥사메틸렌다이아민을 접촉시키면 경계면에서 중합 반응이 일어나며 이것을 계면 중합이라고 한다. 이 경계면에서 생긴 고분자가 나일론 6,10이며, 경계면에 생긴 것을 집게로 집어 올리면 계속해서 그 자리에 새로운 나일론이 생성된다.

기구 및 시약

250 mL 비커, 5 mL 눈금 피펫, 핀셋, 유리 막대(젓개), 오븐, 저울, 헥사메틸렌다이아민, 염화세바코일, 디클로로메탄, 아세톤, 수산화 소듐

실 험 과 정

1. 실험실 후드에서 250 mL 비커에 다이클로로메테인 40 mL와 염화 세바코일 1 mL를 넣는다.

2. 다른 100mL 비커에 증류수 40 mL와 헥사메틸렌다이아민 2.0 g, 그리고 NaOH 0.5 g을 넣는다.

3. 실험과정 2.에서 만든 용액을 실험과정 1.에서 만든 비커의 기벽을 따라 천천히 첨가한다. 그러면 나일론이 접촉되는 계면에서 생성되기 시작한다.

4. 생성된 나일론을 핀셋으로 조심스럽게 끌어올려 유리 막대에 감는다(주의 : 이때 감아올린 나일론은 반응하지 않은 출발 물질을 포함하고 있을 수 있으므로 씻기 전까지는 손으로 만지지 않도록 한다).

5. 생성된 나일론을 아세톤과 물의 1:1 용액 20 mL로 씻은 후, 다시 물 30 mL로 충분히 씻는다.

6. 이것을 상온에서 말린 후, 얻은 나일론의 무게를 측정한다.

주의사항

1. 사염화 탄소와 염화 세바코일은 실험할 때, 그 증기를 흡입하거나 피부와의 접촉을 피하도록 한다.
2. 합성된 나일론을 충분히 씻어주기 전에는 손으로 직접 만지지 않도록 한다.

예 비 보 고 서

대학 학과 학번 성명 조

실험 제목 :

1. 실험목적 :

2. 이론 :

3. 기구 및 시약 :

4. 실험방법 :

결 과 보 고 서

대학 ______ 학과 ______ 학번 ______ 성명 ______ 조 ______

실험 제목 :

1. 원리 :

2. 기구 및 시약 :

3. 결과 :

시약	사용량(g 또는 mL)	몰수
염화 세바코일		
헥사메틸렌다이아민		
수산화 소듐		

나일론의 이론적 생성량 ______ g

수득량 ______ g

수득률 ______ %

4. 고찰 및 의문점 :

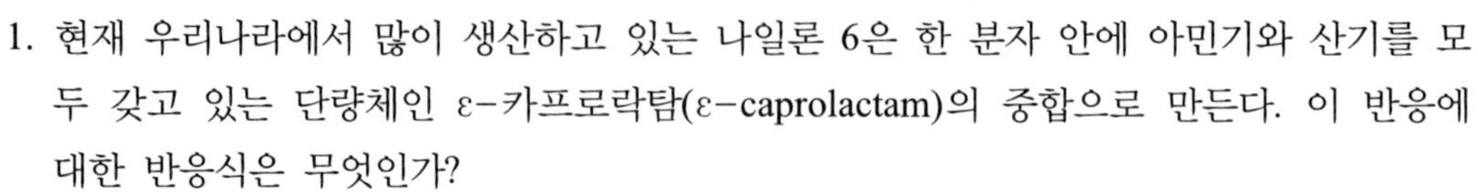

문 제

1. 현재 우리나라에서 많이 생산하고 있는 나일론 6은 한 분자 안에 아민기와 산기를 모두 갖고 있는 단량체인 ε-카프로락탐(ε-caprolactam)의 중합으로 만든다. 이 반응에 대한 반응식은 무엇인가?

2. "나일론" 다음의 숫자는 무엇을 의미하는가?

3. 나일론 6,10이 물과 다이클로로메테인의 계면에서 합성되는 이유는 무엇인가?

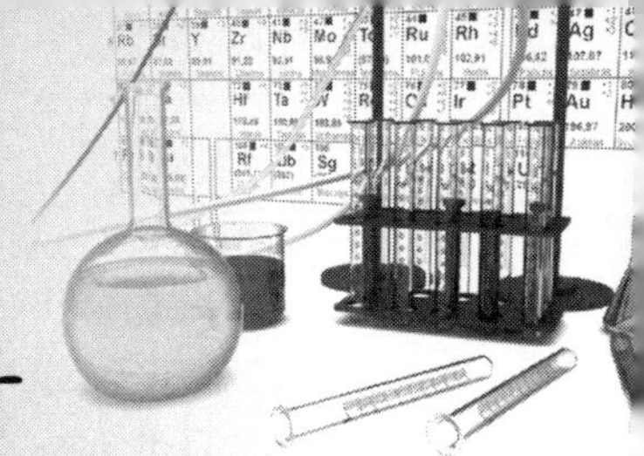

실험 18 화학 반응 속도 : 시계 반응

목 적

농도의 변화에 따른 반응 속도를 측정함으로써 반응 속도에 미치는 농도의 영향을 조사하고 속도 상수 및 반응 차수 구하는 방법을 습득한다.

원 리

화학 반응 속도에 영향을 주는 농도의 효과를 아이오딘화 이온과 과산화이황산 이온과의 반응을 이용하여 알아보자.

$$2I^- + S_2O_8^{2-} \rightarrow I_2 + 2SO_4^{2-} \quad (1)$$

이 반응은 실온에서는 비교적 느리게 진행되는데, 이 반응의 속도식은 다음과 같이 나타낼 수 있다.

$$\text{반응 속도} = k[I^-]^m[S_2O_8^{2-}]^n \quad (2)$$

여기서 k는 반응 속도 상수이며, m과 n은 반응 차수로서 보통 0, 1, 2, 3과 같은 정수이다. 반응물의 농도는 mol/L로 나타낸다.

이 실험을 통해 속도 상수 k와 반응 차수 m과 n을 구해 보기로 하자. 반응 속도를 측정하기 위해서는 한 반응의 종말점을 자동적으로 알려주는 시계 반응인 반응 (3)이 같은 반응 용기 내에서 동시에 일어나도록 한다.

$$I_2 + 2S_2O_3^{2-} \rightarrow 2I^- + S_4O_6^{2-} \quad (3)$$

반응 (3)은 반응 (1)에 비하여 훨씬 빨리 진행된다. 그러므로 반응 (1)에서 생성된 I_2 분자는 같은 반응 용기에 들어 있던 $S_2O_3^{2-}$ 이온과 재빨리 반응하여 없어지게 되어, $S_2O_3^{2-}$ 이온이 완전히 소모될 때까지 I_2의 농도는 0이 된다. 반응이 진행되어 $S_2O_3^{2-}$ 이온이 모두 소모되면 반응 (1) 만이 일어나므로 I_2 분자가 용액 속에 남게 되고, I_2 분자가 생성되는 순간, 이것이 녹말 지시약과 반응하여 청색을 띠게 되고, 일정량의 $S_2O_3^{2-}$ 이온이 모두 반응하여 없어지는 데 필요한 시간을 알려주므로 시계와 같은 구실을 한다.

만일 $S_2O_3^{2-}$의 양을 생성되는 I_2와 반응할 수 있는 양보다 훨씬 많이 사용하였다면 (1)의 반응이 완결될 때까지 반응계에는 영원히 색변화가 없겠지만, 이보다 훨씬 적은 양의 $S_2O_3^{2-}$을 가하고 반응을 시키면 (1)의 반응이 완결되기 전에, 즉 (1)의 반응이 진행되는 도중에 $S_2O_3^{2-}$은 완전히 소모되고, 그 순간 I_2와 녹말과의 반응에서 색변화가 일어난다.

속도식에서 사용되는 측정 속도는 초기 속도로서 반응물 또는 생성물이 2% 정도 변하였을 때까지의 속도를 말한다. 따라서 $S_2O_3^{2-}$는 I_2가 약 2% 정도 생성될 때를 알려줄 수 있는 양을 넣어주어야 한다.

반응 속도는 단위 시간에 감소하는 반응물의 농도로서 주어지므로, 여러 가지 농도를 써서 위와 같은 실험을 하면 반응 속도를 구하는 데 필요한 데이터를 얻을 수 있다.

기구 및 시약

삼각 플라스크(100 mL), 부피 피펫(5 mL, 10 mL), 온도계(1 ~ 100℃), 초시계, 스포이드, 씻기병, 고무빨개, 0.200 M KI, 0.100 M $(NH_4)_2S_2O_8$, $HgCl_2$, 녹말 지시약, 0.005 M $Na_2S_2O_3$

실 험 과 정

1. 반응 속도에 미치는 농도 영향

아래 표에는 세 종류의 반응에 대한 각 반응 용액의 부피를 나타낸 것이다. 각 반응에 대한 실험법은 거의 같으므로 반응 (1)에 대해서만 설명하기로 한다.

실온에서의 반응 혼합물의 구성

반응	반응 시약
1	0.200 M KI + 0.005 M $Na_2S_2O_3$ + 녹말 지시약 + 0.100 M $(NH_4)_2S_2O_8$ 10.0 mL　5.0 mL　두세 방울　10.0 mL
2	0.200 M KI + 0.005 M $Na_2S_2O_3$ + H_2O + 녹말 지시약 + 0.100 M $(NH_4)_2S_2O_8$ 5.0 mL　5.0 mL　5.0 mL　두세 방울　10.0 mL
3	0.200 M KI + 0.005 M $Na_2S_2O_3$ + H_2O + 녹말 지시약 + 0.100 M $(NH_4)_2S_2O_8$ 10.0 mL　5.0 mL　5.0 mL　두세 방울　5.0 mL

1) 100 mL 삼각 플라스크에 부피 피펫으로 10.0 mL의 0.200 M KI 용액을 정확히 취해서 넣고, 여기에 다시 5.0 mL의 0.005 M $Na_2S_2O_3$ 용액을 피펫으로 정확히 재어 넣은 다음, 서너 방울의 녹말 용액을 가하라.

2) 반응 플라스크에 온도계를 꽂고, 초까지 읽을 수 있는 시계를 준비하라.

3) 10.0 mL의 0.100 M $(NH_4)_2S_2O_8$ 용액을 피펫으로 정확히 취해 반응물에 넣어라.

4) 이때부터 잘 흔들어 섞어주면서(자석 젓개를 쓰면 더 편리하다) 색 변화가 일어날 때의 시간을 측정한다. 2분 이내에 반응 용액은 청색을 띨 것이다. 그 순간의 시간을 기록하라. 또한 용액의 온도도 ±0.2℃ 이내의 눈금을 읽어 기록한다.

5) 위와 같은 실험을 표에 있는 혼합물을 순서대로 만들어 실시한다.

참고사항

1. 반응 속도에 미치는 온도의 영향을 조사하려면 반응 (1)의 실험 10℃, 20℃, 0℃와 같이 여러 온도에서 한다. 여기서 얻은 데이터를 이용하면 그 반응에 대한 활성화 에너지 E_a를 구할 수 있다.

$$\log_{10}k = -\frac{E_a}{2.30RT} + \text{상수}$$

여기서 R은 기체 상수(8.314 J/mole · K)이고, E_a의 단위는 J/mole이다. 여러 온도에서 k를 구하고 log k를 다시 1/T에 대해 도시하면 윗 식에 따라 직선 관계를 얻으며, 이 직선의 기울기는 $-E_a/2.3R$이므로, 기울기로부터 E_a를 구할 수 있다.

2. 반응 속도에 미치는 촉매의 영향을 조사하려면 반응 (1)에 촉매를 넣고 실험한다. 0.1 M $(NH_4)_2S_2O_8$을 첨가하기 전에 촉매로서 0.1 M $CuSO_4$ 용액 한 방울을 가하여 실험한다.
3. 녹말 지시약 제조법: 2 g의 가용성 녹말을 5 mg의 $HgCl_2$ (방부제)와 함께 물 1 L에 넣고 맑은 용액이 될 때까지 끓여서 만든다.
4. $(NH_4)_2S_2O_8$ 용액은 오래 방치하면 분해되므로 사용 직전에 만드는 것이 가장 좋다.

예 비 보 고 서

대학 학과 학번 성명 조

실험 제목 :

1. 실험목적 :

2. 이론 :

절 취 선

3. 기구 및 시약 :

4. 실험방법 :

결 과 보 고 서

대학 학과 학번 성명 조

실험 제목 : 화학 반응 속도-시계 반응

1. 원리 :

2. 기구 및 시약 :

3. 결과 :

- 반응 차수 및 속도 상수의 결정

반응 : $2I^- + S_2O_8^{2-} \rightarrow I_2 + 2SO_4^{2-}$

$$\text{반응 속도} = k'[I^-]^m[S_2O_8^{2-}]^n = \frac{-\triangle[S_2O_8^{2-}]}{t} \quad (4)$$

실험에서 변색이 일어나는 것은 가해준 일정량의 $S_2O_3^{2-}$가 모두 소모되었을 때이다. 이 색변화는 일정량의 $S_2O_8^{2-}$가 반응하는 데 걸린 시간을 알려준다. 반응 속도는 색 변화가 일어날 때까지의 시간을 측정하여 구한다.

(4) 식에서 $S_2O_8^{2-}$ 이온의 농도 변화 $\triangle[S_2O_8^{2-}]$는 세 반응에서 모두 같으므로 각 반응의 상대 속도는 시간 t에 역비례한다. 여기서는 절대 속도보다는 상대 속도에 관심이 있는 것이므로 편의상 모든 상대 속도는 100/t로 간주한다.

각 반응 혼합물에 대한 반응물의 농도와 상대 속도를 계산하여 다음 표를 채워라.

반응	변색까지의 시간 t (초)	반응 플라스크 속의 초기 농도		상대적 반응 속도 100/t
		I^-	$S_2O_8^{2-}$	
1				
2				
3				
반응 온도				

각 반응 혼합물의 I^- 및 $S_2O_8^{2-}$이온의 초기 농도가 다르므로 각 반응의 상대 속도는 서로 다르다. 따라서 각 반응 속도를 농도를 고려하여 (4)식을 다음과 같이 나타낼 수 있다.

$$\text{상대 속도} = k'[I^-]^m[S_2O_8^{2-}]^n \qquad (5)$$

여기서 k'는 상대 속도 상수이다. 위 표의 데이터를 (5)식에 적용하여 m, n, k'을 구해야 된다. I^- 및 $S_2O_8^{2-}$ 이온의 농도는 한 물질의 농도가 일정하게 유지된 채로 다른 것만이 간단한 배수로 되어있다. 이것은 각 반응 혼합물에 대한 데이터를 (5)식에 넣어서 m과 n의 값을 계산할 수 있음을 의미한다.

반응 (1) 및 (2)의 데이터를 (5)식에 대입하라. 단, I^- 및 $S_2O_8^{2-}$이온의 농도는 묽혀진 농도로 하라.

상대 속도 (1) = __________ = k' (__________)^m(__________)^n

상대 속도 (2) = __________ = k' (__________)^m(__________)^n

첫 번째 식을 두 번째 식으로 나누고, 이 방정식을 풀어서 I^- 이온의 반응 차수 m을 구하면

m = ____________ (보통 정수)

같은 방법으로 하면 반응 (1)과 (3)에서 $S_2O_8^{2-}$의 반응 차수 n을 구할 수 있다.

상대속도 (1) = __________ = k' (__________)^m(__________)^n

상대속도 (3) = __________ = k' (__________)^m(__________)^n

n = __________

m과 n의 값을 써서 (5)식을 이용하여 반응 (1)에서 (3)까지의 상대 속도 상수 k'를 구하라.

반응	1	2	3		
k'	__________	__________	__________	k' (평균)	__________

위의 각 반응에 대한 k'의 값이 거의 같은 이유는 무엇인가?

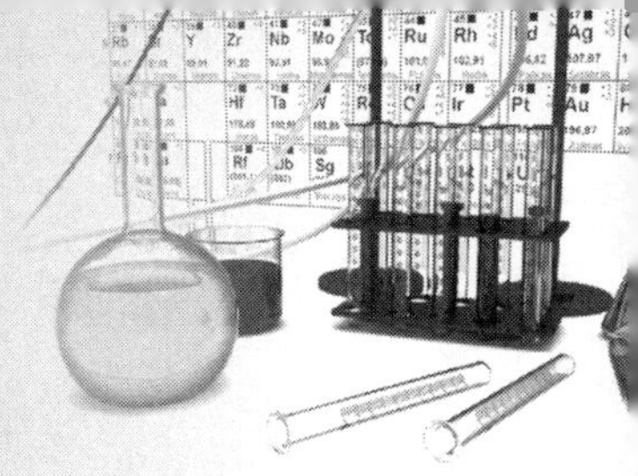

실험 19 평형 상수 결정

목 적

Fe^{3+}와 SCN^-이 반응하면 붉은색을 띠는 $FeSCN^{2+}$ 착이온이 생성된다. 동적 평형 상태에 있는 반응물들의 농도를 알아보고, 평형 상수를 계산해 본다.

원 리

가역 반응이 진행되면 궁극적으로 반응은 평형에 이르게 되며, 평형 상태에서 각 물질의 농도를 알면 평형 상수를 구할 수 있다. 평형 상수는 온도가 변하지 않는 한 반응물들이나 생성물들의 처음 농도와는 상관없이 일정한 값을 갖는다.

Fe^{3+} 이온을 포함한 용액에 싸이오사이안산을 혼합하면 진한 붉은색의 $FeSCN^{2+}$ 착이온과 H^+이 생긴다.

$$Fe^{3+} + SCN^- \leftrightarrows FeSCN^{2+} \qquad (1)$$

본 실험에서는 다음의 착물 형성 평형 반응에 관련된 평형상수를 결정한다.

$$K_c = \frac{[FeSCN^{2+}]}{[Fe^{3+}][SCN^-]} \qquad (2)$$

평형 상태에서 각 화학종의 농도를 측정하면 K_c를 결정할 수 있다. 반응 (1)에서 반응물들의 처음 농도를 알고, 평형 상태의 생성물 $FeSCN^{2+}$의 농도를 알면 평형 상태의 반응물들의 농도를 알 수 있다. Fe^{3+} 및 SCN^-의 처음 농도를 각각 $[Fe^{3+}]_0$, $[SCN^-]_0$라 하고 생성된 평형 상태의 $FeSCN^{2+}$의 농도가 $[FeSCN^{2+}]$라면 평형 상수는

$$K_c = \frac{[FeSCN^{2+}]}{([Fe^{3+}]_0 - [FeSCN^{2+}])([SCN^-]_0 - [FeSCN^{2+}])} \qquad (3)$$

가 된다. 따라서 본 실험에서는 착물 $FeSCN^{2+}$의 농도를 측정하면 알고 싶은 반응물들의 처음 농도로부터 평형 상수를 결정할 수 있다.

한편, Beer의 법칙에 의하면 용기에 담긴 어느 용액의 흡광도(용액의 짙은 정도) A

는 몰흡광 계수 ε과 용기의 두께, 빛이 통과한 거리 d, 용액의 몰농도 c의 곱이다.

$$A = \varepsilon dc \quad (4)$$

따라서 용액의 농도를 측정하려면 흡광도를 측정하면 된다. 이를 위해 분광광도계를 사용하면 정확한 결과를 얻게 된다. 그러나 본 실험에서는 $FeSCN^{2+}$의 농도 측정을 위해 $FeSCN^{2+}$의 농도를 알고 있는 표준 용액을 만들고, 표준 용액의 두께(시험관 위에서 보는 깊이)를 조절하여 시료 용액과 흡광도가 같게 만들어 농도를 결정한다. 즉 식 (4)로부터 $c = A/\varepsilon d$가 되므로 A를 같게 맞추면, c는 d에 반비례한다. 따라서 다음 식으로 시료 용액의 농도를 구한다.

$[FeSCN^{2+}]$시료 용액×시료 용액의 깊이 = $[FeSCN^{2+}]$표준 용액×표준 용액의 깊이

기구 및 시약

시험관, 시험관대, 비커, 5 mL 피펫, 스포이드, HNO_3, KSCN, $Fe(NO_3)_3$

실 험 과 정

1. 시험관에 0.5 M HNO_3용액으로 만든 2.0×10^{-3} M KSCN 용액 5.0 mL와 0.5 M HNO_3 용액으로 만든 0.20 M 용액으로 $Fe(NO_3)_3$ 5.0 mL를 넣어 표준 용액 10 mL를 만든다(각 용액은 두 배로 묽어지므로 농도는 반으로 줄어든다). 식 (2)의 값이 크므로 SCN^-가 모두 착물 $FeSCN^{2+}$를 형성했다고 볼 수 있다. 정확한 식 (2)의 문헌치와 식 (3)을 사용하여 계산한 표준 용액의 $[FeSCN^{2+}]$는 9.3×10^{-4} M이다.

2. 위의 시험관과 같은 크기의 시험관 다섯 개를 준비하여 0.5 M HNO_3 용액으로 만든 2.0×10^{-3} M $Fe(NO_3)_3$ 용액을 5.0 mL씩 피펫으로 취한다. 역시 0.5 M HNO_3 용액으로 만든 2.0×10^{-3} M KSCN 용액을 각각의 시험관에 1.0 mL, 2.0 mL, 3.0 mL, 4.0 mL, 5.0 mL씩 가하고 각 시험관 용액의 최종 부피가 10 mL가 되도록 0.5 M HNO_3 용액을 가한다. 표준 용액과 시료 용액의 두 시험관에 흰 종이를 놓은 다음, 위에서 내려다보면서 두 시험관 용액 색깔이 같아질 때까지 깨끗한 비커에 표준 용액을 스포이드로 조금씩 덜어낸다. 색깔이 같아졌을 때의 표준 용액 깊이를 잰다.

예 비 보 고 서

대학 학과 학번 성명 조

실험 제목 :

1. 실험목적 :

2. 이론 :

3. 기구 및 시약 :

4. 실험방법 :

결 과 보 고 서

대학 학과 학번 성명 조

실험 제목 :

1. 원리 :

2. 기구 및 시약 :

3. 결과 :

	1 mL	2 mL	3 mL	4 mL	5 mL
시료 용액의 깊이					
표준 용액의 깊이					
$[FeSCN^{2+}]$					
$[Fe^{3+}]_0$					
$[SCN^-]_0$					
$[Fe^{3+}]$					
$[SCN^-]$					
K_c					

평균 K_c ___________

문 제

1. 다음 반응의 K_c는 얼마인가?

$$Fe^{3+} + SCN^{-} \leftrightarrows FeSCN^{2+}$$

2. 0.20 몰의 $PCl_3(g)$와 0.10 몰의 $Cl_2(g)$를 250℃에서 1 L 플라스크에 넣었다.

$$PCl_3(g) + Cl_2(g) \leftrightarrows PCl_5(g)$$

반응이 평형에 도달한 후 PCl_3 농도는 0.12 mol/L 이었다.

(a) 반응물과 생성물의 초기 농도를 구하라.

(b) 반응이 평형에 도달했을 때 농도 변화를 구하라.

(c) 평형 농도를 구하라.

(d) 평형 상수 K_c를 구하라.

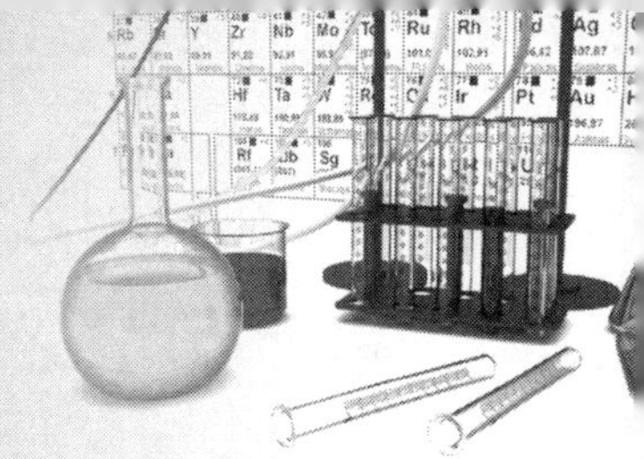

실험 20 르샤틀리에 원리

목 적

정반응과 역반응이 동시에 진행되는 가역 반응은 궁극적으로 평형에 이르게 되며, 평형 위치는 농도·온도·압력 등 반응 조건에 따라 달라진다. 르샤틀리에 정의를 이해하고, 크로뮴산-중크로뮴산 이온의 평형과 코발트(II) 이온 착물에서 르샤틀리에 원리를 적용해보자.

원 리

르샤틀리에(Le Chatelier) 원리는 "외부의 어떤 자극으로 평형이 깨어졌을 때, 그 계는 자극의 영향을 최소화하는 방향으로 변화한다"는 것이다. 즉, 평형 상태 반응계의 외부 조건을 바꾸어 반응물에 대한 생성물의 비를 변화시킬 수 있다. 화학 평형에 영향을 주는 것들로는 반응물이나 생성물의 첨가 또는 제거, 기체 반응에서 용기 부피 변화, 온도 변화 등이 있다. 이 실험에서는 반응물이나 생성물 일부를 첨가하는 효과에 대해 알아보고자 한다.

비 완충 용액에서 일어나는 중크로뮴산 포타슘의 평형 반응은 다음과 같다.

$$\underset{\text{오렌지색}}{Cr_2O_7^{2-}} + H_2O \rightleftharpoons 2H^+ + \underset{\text{노란색}}{2CrO_4^{2-}}$$

즉, 수소 이온 농도에 따라 $Cr_2O_7^{2-}$와 CrO_4^{2-}가 생기는 정도가 달라진다. 산성 용액에서는 H^+ 농도가 크므로 역반응이 일어나 $Cr_2O_7^{2-}$이 수용액 중에 많이 존재하여 오렌지색을 띨 것이고, 염기성 용액에서는 H^+농도가 작으므로 정반응이 일어나 CrO_4^{2-}가 많이 존재하여 노란색을 띨 것이다.

코발트(II) 이온 Co^{2+}는 물에서 착물 $Co(H_2O)_6^{2+}$로 존재하여 핑크색을 띤다.

착물에 따라 색깔이 다르다. 예를 들어 $CoCl_4^{2-}$착물은 푸른색이다. 다음의 평형식에 의해 Cl^- 이온의 상대적인 농도에 따라 용액 색깔이 변한다.

$$\underset{\text{핑크색}}{Co(H_2O)_6^{2+}(aq)} + 4Cl^-(aq) \rightleftharpoons CoCl_4^{2-}(aq) + \underset{\text{푸른색}}{6H_2O(l)}$$

기구 및 시약

5 mL 피펫, 시험관, 스포이드, K_2CrO_4, $K_2Cr_2O_7$, NaOH, HCl, $CoCl_2$, NH_4Cl

실 험 과 정

1. 크로뮴산-중크로뮴산 이온의 평형

- 0.1 M K_2CrO_4와 0.1 M $K_2Cr_2O_7$을 각각 2 mL씩 취한다. 이들은 수용액 중에서 $CrO_4^{2-}(aq)$와 $Cr_2O_7^{2-}(aq)$를 각각 제공할 것이므로 이것에 의한 색깔이 나타나게 된다. 각 용액의 색을 기록하라.
- 1 M NaOH 용액을 위의 두 시험관에 어느 하나가 색 변화를 일으킬 때까지 번갈아가면서 한 방울씩 떨어뜨린다. 색이 변하면 색을 기록한 후, 두 용액에 다른 색이 나타날 때까지 1 M HCl 용액을 번갈아가면서 한 방울씩 떨어뜨린다.
- 처음의 두 시험관 용액을 새로 준비하여, 1 M HCl 용액을 색이 변할 때까지 번갈아가며 한 방울씩 넣는다. 색 변화를 기록한 후, 다른 색이 나타날 때까지 1 M NaOH 용액을 번갈아가며 한 방울씩 가하며 관찰한다.

2. 코발트(Ⅱ) 이온 착물

- 0.1 M $CoCl_2$ 용액을 세 개의 시험관에 각각 2~3 mL씩 취한다. 첫 번째 시험관에 1~2 mL의 진한 HCl 용액을 넣어 변화 여부를 살핀다.
- 두 번째 시험관에 1.3~1.6 g NH_2Cl 고체를 가하고, 포화 용액이 되도록 흔든다. $CoCl_2$ 용액만 들어 있는 세 번째 시험관의 용액과 색을 비교한다. 끓는 물이 들어 있는 비커에 세 시험관을 넣어 관찰하고 식힌 변화를 알아본다.

예 비 보 고 서

대학 학과 학번 성명 조

실험 제목 :

1. 실험목적 :

2. 이론 :

3. 기구 및 시약 :

4. 실험방법 :

결 과 보 고 서

대학 ______ 학과 학번 ______ 성명 ______ 조 ______

실험 제목 : 르샤틀리에 원리

1. 원리 :

2. 기구 및 시약 :

3. 결과 :

1) 크로뮴산-중크로뮴산 이온의 평형

ⓐ CrO_4^{2-} ______색

$Cr_2O_7^{2-}$ ______색

ⓑ CrO_4^{2-} + NaOH ______색

$Cr_2O_7^{2-}$ + NaOH ______색

CrO_4^{2-} + NaOH + 과량의 HCl ______색

$Cr_2O_7^{2-}$ + NaOH + 과량의 HCl ______색

ⓒ CrO_4^{2-} + HCl ______색

$Cr_2O_7^{2-}$ + HCl ______색

CrO_4^{2-} + HCl + 과량의 NaOH ______색

$Cr_2O_7^{2-}$ + HCl + 과량의 NaOH ______색

2) 코발트(Ⅱ) 이온 착물

ⓐ $CoCl_2$ + HCl ____________색

ⓑ $CoCl_2$ ____________색

$CoCl_2$ + NH_4Cl ____________색

가열한 후 $CoCl_2$ ____________색

$CoCl_2$ + HCl ____________색

$CoCl_2$ + NH_4Cl ____________색

식힌 후 $CoCl_2$ ____________색

$CoCl_2$ + HCl ____________색

$CoCl_2$ + NH_4Cl ____________색

문 제

1. 다음 반응의 질소, 수소, 암모니아의 평형 혼합물을 생각하자.

$$N_2(g) + 3H_2(g) \leftrightarrows 2NH_3(g) \qquad \Delta H^{\circ} = -92.2 \text{ kJ}$$

다음과 같은 각각의 변화에 대하여 K값이 증가, 또는 감소하는지 확인하고, 변화를 가한 후 새로운 평형에 도달했을 때 NH_3가 증가, 또는 감소할지를 예측하라.

(a) H_2가 더 첨가될 때 (25℃)

(b) 온도가 증가할 때

(c) 용기의 부피가 두 배로 증가 (일정온도에서)

2. 농도 변화에 따른 색깔 변화의 이유를 설명하라.

3. 르샤틀리에 원리를 이용하여 평형에 열을 가한 효과를 예측하라.

$$\text{고체} + \text{열} \leftrightarrows \text{액체}$$

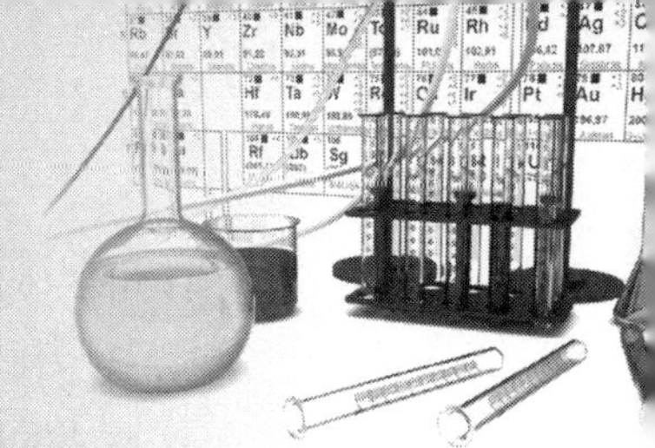

실험 21 산 · 염기의 성질

산은 수용액에서 신맛을 내며, 푸른색 리트머스 시험지를 붉게 하고, 활성 금속과 반응하여 수소 기체를 발생시키며, 염기를 중화시키는 물질이다. 산의 종류로는 H_2SO_4, HCl, HNO_3, H_3PO_4 등이 있는데, 이 중 H_2SO_4는, 묽은 것은 센산으로 작용하고, 진한 것은 산화제 또는 탈수제로서의 역할을 한다.

염기는 수용액에서 떫은맛 또는 쓴맛을 내며, 붉은색 리트머스 시험지를 푸르게 하고, 미끌미끌하며, 산을 중화시키는 물질이다. NaOH, $Ca(OH)_2$, Na_2CO_3, NH_3도 수용액에서 모두 OH^-이온을 내므로 염기로 분류된다.

기구 및 시약

시험관, 온도계(100℃), 5 mL 피펫, 스포이드, H_2SO_4, H_3PO_4, NaCl, $NaNO_3$, NaOH, 리트머스 시험지, 마그네슘 가루, 아연 가루, 철가루, 메틸 오렌지 지시약, 페놀프탈레인 지시약, HCl, HNO_3, Na_2CO_3

실 험 과 정

1. 산

1) 세 개의 시험관을 준비한 후, 각각 증류수를 5 mL정도 채우고, 여기에다 6 M HCl, 3 M H_2SO_4, 6 M HNO_3를 각각 열 방울 정도 가한 후, 열이 발생되는지를 온도계를 이용하여 관찰한다.

2) 1)의 용액을 반으로 나누어 각각에 메틸 오렌지, 페놀프탈레인 지시약을 한 방울씩 넣어보고 푸른색 리트머스 시험지도 넣어 색깔 변화를 관찰한다.

3) 1 g 정도의 NaCl과 $NaNO_3$를 각각 시험관에 넣고, 각 시험관에 진한 황산 서너 방울을 떨어뜨린 다음, 시험관 입구에다 젖은 푸른색 리트머스 시험지와 마른 리트머스 시험지를 대어 보아라. 만일, 아무 반응이 없으면 시험관을 조금 가열해 본다. 이는 비휘발성산을 휘발성산염에 가함으로서 휘발성산으로 만들 수 있음을 보여주는 것이다.

4) 마그네슘, 아연, 구리, 철가루를 각각 시험관에 넣은 다음, 각 시험관에 6 M HCl을 가하고 어떤 변화가 일어나는지 관찰하여 본다. 같은 실험을 3 M H_2SO_4, 6 M HNO_3으로 되풀이하여 본다.

2. 염기

1) 세 개의 시험관에 각각 고체 NaOH를 0.3 g 정도 가하고, 증류수를 5mL정도 가하여 열이 발생하는지 시험관을 만져본다.

2) 각각에 지시약으로 메틸 오렌지와 페놀프탈레인을 넣어보고, 붉은색 리트머스 시험지를 넣어 색깔 변화를 관찰한다.

3) NaOH 대신에 Na_2CO_3를 넣어 1), 2)의 실험을 반복한다.

예 비 보 고 서

대학 학과 학번 성명 조

실험 제목 :

1. 실험목적 :

2. 이론 :

3. 기구 및 시약 :

4. 실험방법 :

결 과 보 고 서

대학 ______ 학과 ______ 학번 ______ 성명 ______ 조 ______

실험 제목 :

1. 원리 :

2. 기구 및 시약 :

3. 결과 :

- 산

ⓐ 열 발생 여부

HCl	
H_2SO_4	
HNO_3	

ⓑ 산성 용액에서 지시약 또는 리트머스 시험지의 변화.

	메틸 오렌지	페놀프탈레인	푸른색 리트머스 시험지
HCl			
H_2SO_4			
HNO_3			

ⓒ 휘발성산 생성 여부

NaCl + H_2SO_4	
NaCl + H_3PO_4	

$NaNO_3$ + H_2SO_4 ________________

$NaNO_3$ + H_3PO_4 ________________

ⓓ 수소 기체 발생 여부

	Mg	Zn	Fe
6 M HCl	______	______	______
6 M HNO_3	______	______	______
3 M H_2SO_4	______	______	______

▪ 염기

ⓐ 열 발생 여부 NaOH ________________

Na_2CO_4 ________________

ⓑ 염기성 용액에서 지시약 또는 리트머스 시험지의 변화.

	메틸 오렌지	페놀프탈레인	붉은색 리트머스 시험지
NaOH	______	______	______
Na_2CO_3	______	______	______

4. 고찰 및 의문점 :

문 제

1. 브뢴스테드-로우리(Bronsted-Lowry) 산 · 염기 개념과 루이스(Lewis) 산 · 염기 개념에 대해 써라.

2. Na_2CO_3가 물에 녹아 있다면 물에 존재할 수 있는 모든 이온이 생기는 생성 반응을 써라.

3. Zn가루를 산에 넣었을 때 수소 기체가 발생하는데, 이를 산화 · 환원 반응식을 써서 설명하라.

4. NaOH가 녹을 때 열이 발생하는 이유에 대해 써라.

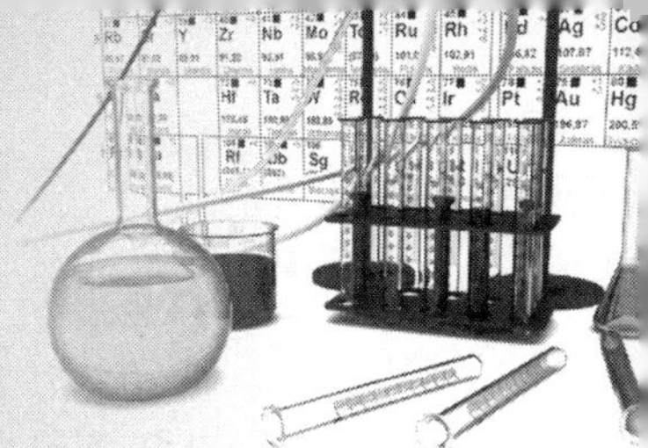

실험 22 pH 측정

목 적

지시약의 색깔 변화를 살펴 pH를 판정하는 기초적인 실험법을 통하여 pH의 의미를 익히고, 이를 이용하여 여러 가지 물질의 pH를 측정하여 본다.

원 리

pH는 용액의 산성, 염기성의 강약을 나타내는 것으로 0~14 수치로 표시한다. pH가 7은 중성, 7보다 작은 수치는 산성, 큰 수치는 염기성이다. 메틸 오렌지는 pH 3.1~4.4에서 변색하며, 산성에서는 각각 적색, 염기성에서는 황색이다.

리트머스는 pH 5.0~8.0에서 변색하며, 산성에서 적색, 염기성에서 청색이다. 페놀프탈레인은 pH 8.0~9.8에서 변색하며, 산성에서 무색, 염기성에서 적색이다. pH 시험지를 표준 변색표와 비교할 때 검액에서 꺼낸 pH 시험지가 표준표에 닿지 않도록 조심한다.

오염되지 않은 빗물은 보통 pH가 5.6 정도인데, 이산화황이나 이산화 질소에 의해 오염되어 떨어진 빗물은 5.6 이하의 pH값을 나타내므로 산성비라고 부른다. 여기서 pH란 산, 알칼리의 정도를 표시하는 단위로, 산성비 역시 pH 단위로 나타낸다.

pH 정의는 다음과 같다.

$$pH = -\log[H_3O^+]$$

산・염기 지시약은 하이드로늄 이온(또는 수소 이온) 농도에 따라 변색되므로, 이를 이용한다. 지시약 HIn의 색깔 변화는 다음의 평형과 관계된다.

$$\underset{\text{A색}}{HIn} + H_2O \leftrightarrows H_3O^+ + \underset{\text{B색}}{In^-}$$

지시약의 산 이온화 상수는

$$KIn = \{[H_3O^+][In^-]\}/[HIn]$$

KIn는 같은 온도에서 일정하므로 수소 이온 농도가 커지면 [HIn]가 커지므로 용액은 A색을 띠고, 수소 이온 농도가 작아지면 $[In^-]$가 커져 B색을 띠게 된다.

pH 미터에 의한 측정은 용액 속에 담근 지시 전극과 기준 전극 사이의 전위차 측정에 의하여 pH를 결정하는 방법이다. 지시 전극의 대표적인 것으로 유리 전극이 있고, 기준 전극으로는 포화 칼로멜 전극이 있다.

기구 및 시약

시험관, 시험관대, 스포이드, 5 mL 피펫, pH 미터, 씻기병, 250 mL 비커, 자석 젓개, 리트머스 종이, HC1, NaOH, 메틸 오렌지, 메틸 바이올렛, 인디고 카민, 페놀프탈레인, 시트르산 이수소 포타슘, 붕산, 검정용 표준 완충 용액

실 험 과 정

1. 산 · 염기 지시약 사용

• 산 표준 용액 만들기

각각 10^{-1} M, 10^{-2} M, 10^{-3} M, 10^{-4} M, 10^{-5} M의 HCl 용액이 2 mL씩 들어 있는 시험관 두 세트를 준비하여, 한 세트에는 메틸 오렌지 지시약 두 방울씩 넣고, 다른 세트에는 메틸 바이올렛 지시약 두 방울씩 넣어 색깔을 관찰한다.

• 염기 표준 용액 만들기

각각 10^{-1} M, 10^{-2} M, 10^{-3} M, 10^{-4} M, 10^{-5} M의 NaOH 용액이 2 mL씩 들어 있는 시험관 두 세트를 준비하여, 한 세트에는 인디고 카민 지시약 두 방울씩 넣고, 다른 세트에는 페놀프탈레인 지시약 두 방울씩 넣어 색깔을 관찰한다.

• 미지 시료의 pH 결정

미지 시료 용액을 2 mL 정도 취하여 리트머스 시험지를 담가 산성인지 염기성인지를 결정한다. 미지 시료 용액 2 mL씩을 시험관 두 개에 취하여, 각 시험관이 산성이면 메틸 오렌지와 메틸 바이올렛 지시약을 두 방울씩 넣고, 염기성이면 인디고 카민과 페놀프탈레인 지시약을 두 방울씩 넣어 1, 2의 표준 용액과 색깔을 비교하여 pH를 결정한다.

주의사항

- 주요 지시약의 변색 및 pH 범위는 부록 IX를 참조하라.
- 색깔 비교 방법은 실험 18을 참조할 것
- 시험관의 크기가 같아야 한다. 크기에 따라 색의 농도에 차이가 있기 때문이다.
- 표준 변색표와 비교할 때 시험지는 검액에서 꺼낸 직후 비교하고, 이때 시험지가 표준 변색표에 닿지 않도록 조심한다.
- 색이 있는 검액의 pH를 측정할 때는 검액을 두세 배로 묽게 한 것을 사용한다. 이때에 정확한 pH를 구할 수는 없다. pH는 묽게 한 액의 농도 변화만큼 큰 변화는 없다(열 배로 묽게 하면 pH가 약 1 변한다).

예 비 보 고 서

대학 학과 학번 성명 조

실험 제목 :

1. 실험목적 :

2. 이론 :

3. 기구 및 시약 :

4. 실험방법 :

결 과 보 고 서

대학 ______ 학과 ______ 학번 ______ 성명 ______ 조 ______

실험 제목 : pH 측정

1. 원리 :

2. 기구 및 시약 :

3. 결과 :

- 산 · 염기 지시약 사용

ⓐ 미지 시료 색깔 ______

ⓑ 미지 시료 pH ______

4. 고찰 및 의문점 :

문 제

1. 오래 방치한 증류수의 pH가 7보다 작아지는 이유는 무엇인가?

2. 바닷물 시료의 측정된 pH값이 8.30이었다. H_3O^+의 농도는 얼마인가?

3. 1.25 g HCl을 물에 녹여 전체 부피가 500 mL인 HCl 수용액의 pH는 얼마인가?

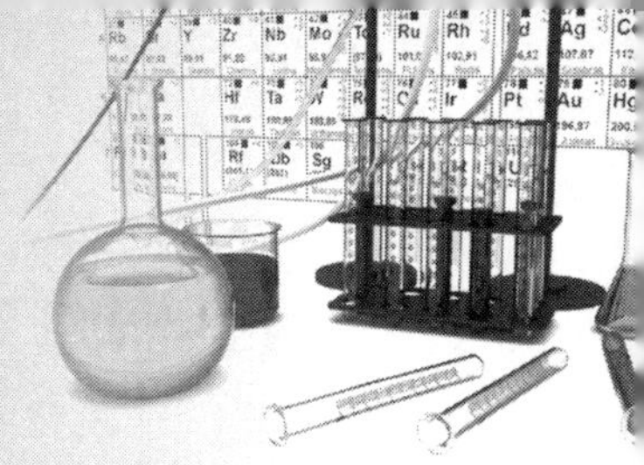

실험 23 산 · 염기의 적정

산과 염기가 섞이면 산에서 나오는 H^+와 염기에서 나오는 OH^-가 반응하여 H_2O가 생성되는 반응, 즉 중화 반응이 일어나게 된다. 예를 들면 NaOH용액으로 HCl용액을 적정할 때의 반응은 다음과 같다.

$$H^+ + Cl^- + Na^+ + OH^- \rightarrow Na^+ + Cl^- + H_2O$$

순수한 산 또는 염기만이 있을 때와는 다른 pH를 나타낸다. 이때 pH 변화가 있으므로 적당한 산 · 염기 지시약을 사용하면 반응의 종말점을 얻을 수 있고, 이로부터 반응의 당량점을 알 수 있다. 지시약으로는 종말점과 당량점의 범위가 같은 것을 사용하여야 한다. 산 · 염기 적정법의 종류와 그때 쓰이는 지시약을 알아보자.

1 센산과 센염기의 중화

$$HCl + NaOH \rightarrow Na^+ + Cl^- + H_2O$$

Na^+와 Cl^-는 물을 가수분해시키지 못하기 때문에 수용액은 중성이 되므로 당량점에서의 pH는 7이 되며, pH 변화가 굉장히 크기 때문에 (pH 4~10 정도) 이 범위 안에서 변색을 일으킬 수 있는, 산 · 염기 지시약인 페놀프탈레인(무색 8.3~10.0 분홍색), 메틸오렌지(붉은색 3.1~4.4 노랑색)를 쓰면 된다.

2 약산과 센염기의 중화

$$CH_3COOH + NaOH \rightarrow H_2O + Na^+ + CH_3COO^-$$

Na^+는 물을 가수분해시킬 능력이 없고, CH_3COO^-는 H_2O를 가수분해시켜

$$H_2O + CH_3COO^- \rightarrow CH_3COOH + OH^-$$

전체 생성물의 pH는 염기성에 가까우므로 당량점은 염기성에 해당한다. 이 결과 지시약은 pH 8.3~10.0 범위에서 색이 변화하는 페놀프탈레인을 많이 쓴다.

3 센산과 약염기의 중화

$$HCl + NH_4OH \rightarrow NH_4^+ + Cl^- + H_2O$$

여기서 Cl^-는 H_2O를 가수분해시키지 못하지만, NH_4^+는 H_2O와 반응하여 $NH_4^+ + H_2O \rightarrow NH_3 + H_3O^+$ 가 되게 한다. 그러므로 수소 이온을 내기 때문에 당량점은 산성에 해당하고, 이때 지시약은 pH 3.0~4.4 사이에서 변할 수 있는 메틸 오렌지를 많이 사용한다.

4 약산과 약염기와의 반응은 당량점 부근에서 pH변화가 크지 않기 때문에 거의 적정하지 않는다.

$$NH_4OH + CH_3COOH \rightarrow H_2O + CH_3COO^- + NH_4^+$$

이때 CH_3COO^-의 K_b와 NH_4^+의 K_a가 같기 때문에 당량점에서의 액성은 중성이다. 즉 약산과 약염기의 반응은 각 화학종의 K_a와 K_b에 따라 액성이 달라진다.

이 실험에서는 고전적인 방법으로 산 또는 염기의 농도를 결정한다.

$$N_1V_1 = N_2V_2$$

N_1 = 적정 용액의 노말 농도 (정해져 있음)

V_1 = 적정 용액의 부피 (측정)

N_2 = 적정되려는 용액의 노말 농도 (미지-알려고 하는 것)

V_2 = 적정되는 용액을 취한 부피

기구 및 시약

500 mL 메스 플라스크, 250 mL 메스 플라스크, 100 mL 삼각 플라스크, 뷰렛, 스탠드, 뷰렛클램프, 스포이드, HCl, Na_2CO_3, 페놀프탈레인 지시약, 브로모크레솔 그린 지시약.

실 험 과 정

1. 0.1 M 염산 표준 용액 만들기

순도가 99.95% 정도 되면 직접 무게를 정확히 달아 원하는 농도를 만들 수 있지만, 보통의 염산은 35~37% 정도로서 정확하게 농도를 결정할 수 없으므로 표정에 의하여 정확한 농도를 구한다. 대충의 0.1 M 염산을 만들기 위해 진한 염산을 취하는

부피를 χ mL라고 한다면

$$\chi(\mathrm{mL}) = \frac{\mathrm{A} \times \mathrm{M} \times \mathrm{B}}{\mathrm{d} \times \%}$$

A: 만들려고 하는 농도(M)

M: HCl의 분자량 (36.45 g/mol)

B: 만들기를 원하는 용액의 부피(L)

d: 진한 염산의 밀도 (g/mL)

%: 진한 염산의 무게 % (g/g)

위의 식으로 계산해서 취할 양을 구한 후, 500 mL 메스 플라스크로 0.1 M HCl 500 mL를 만든다. 제1차 표준물인 Na_2CO_3 0.1 g을 넣고, 증류수 25 mL를 깨끗한 세 개의 250 mL 삼각 플라스크에 넣는다. 위에서 만든 0.1 M HCl 용액으로 사용할 뷰렛을 서너 번 씻은 후 이 용액을 채우고 뷰렛의 코크 밑부분에 공기가 남아있지 않게 한다.

세 개의 탄산 소듐 용액에 각각 페놀프탈레인 지시약 두세 방울을 넣고 차례로 염산을 서서히 넣어주면서 분홍색이 무색이 될 때까지 적정한다.

$$Na_2CO_3 + HCl \rightarrow NaHCO_3 + NaCl$$

계속해서 세 개 용액에 브로모크레솔 그린 세 방울씩을 가하고, 계속 차례로 적정하면서 용액이 청색에서 노란색으로 변할 때까지 적정한다.

$$NaHCO_3 + HCl \rightarrow H_2CO_3 + NaCl$$

이 용액은 이산화 탄소를 많이 포함하고 있다.

이 용액을 5분 정도 끓여서 이산화 탄소를 쫓아낸다. 이때 용액의 pH는 다시 증가하여 청색으로 변할 것이다. 이 용액을 실온까지 식혀서 다시 적정을 계속하여 선명한 노란색으로 변할 때 적정을 중지한다.

2. 0.1 M 수산화 소듐의 표준 용액 만들기

1.에서 표준화된 0.1 M 염산 25 mL를 피펫으로 정확히 취하여 100 mL 삼각 플라스크에 옮기고, 페놀프탈레인 지시약 두세 방울을 넣는다. 이때 표준화하려고 하는 수산화 소듐 용액을 뷰렛에 넣어 천천히 적정한다.

육안으로 겨우 알아볼 수 있을 정도의 엷은 분홍색이 적어도 10초 동안 없어지지 않고 남아있을 때까지 적정하여 뷰렛의 눈금을 읽는다.

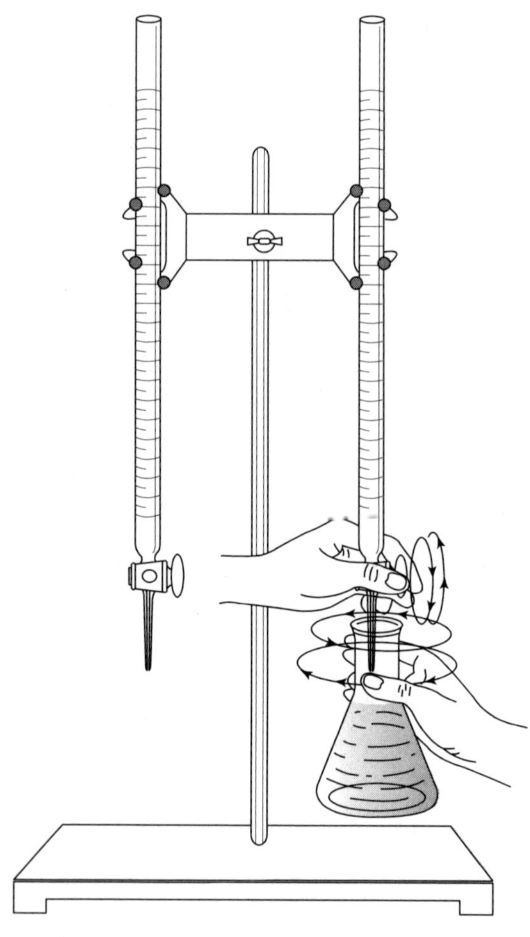

[그림 23-1] 적정하는 법

예 비 보 고 서

대학　　학과　학번　　성명　　조

실험 제목 :

1. 실험목적 :

2. 이론 :

3. 기구 및 시약 :

4. 실험방법 :

결 과 보 고 서

대학 학과 학번 성명 조

실험 제목 :

1. 원리 :

2. 기구 및 시약 :

3. 결과 :

1) 0.1 N 염산 표준 용액 만들기

Na_2CO_3 무게 ________ mg

적정한 HCl의 최종 부피 ________ mL

정확한 HCl농도 ________ M

2) 0.1 N 수산화 소듐의 표준 용액 만들기

1)에서 결정된 HCl의 농도 ________ M

HCl의 취한 부피 ________ mL

적정한 NaOH 부피 ________ mL

정확한 NaOH 농도 ________ M

4. 고찰 및 의문점 :

문 제

1. 종말점과 당량점이란 무엇인가?

2. 0.1 M H_2SO_4 50 mL에 0.5 N NaOH 몇 mL를 가하면 당량점이 될까?

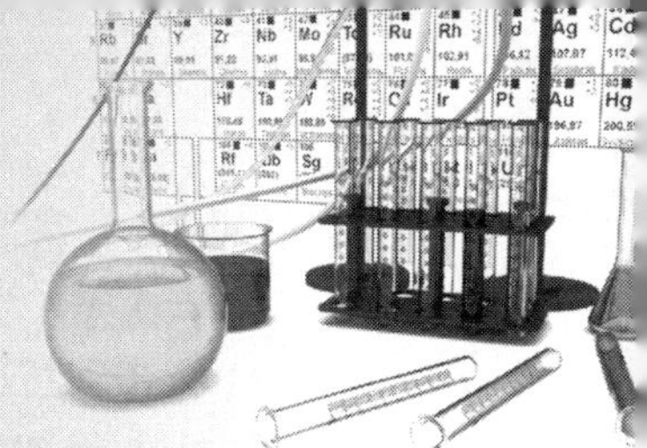

실험 24 완충 용액

목 적

완충 용액에 소량의 센산과 센염기를 첨가한 다음, pH를 측정하여 완충 효과를 이해하고자 함.

원 리

완충 용액(buffer solution)이란, 약산과 그 염(짝염기) 또는 약염기와 그 염(짝산)의 혼합 용액으로 소량의 센산이나 센 염기를 가해도 완충 용액 속의 수소 이온 농도가 별로 변하지 않는 용액을 말한다.

예를 들어, 아세트산/아세테이트 이온으로 이루어진 완충 용액의 경우에,

$$CH_3COOH(aq) \rightleftharpoons H^+(aq) + CH_3COO^-(aq)$$

소량의 H^+가 완충 용액에 가해지면, 평형은 왼쪽으로 이동한다. 즉,

$$CH_3COO^-(aq) + H^+(aq) \rightarrow CH_3COOH(aq)$$

또한, 소량의 OH^-가 완충 용액에 가해지면, 평형은 오른쪽으로 이동한다. 즉,

$$CH_3COOH(aq) + OH-(aq) \rightleftharpoons CH_3COO^-(aq) + H_2O$$

다른 예로, 암모니아/암모늄 이온으로 이루어진 완충 용액의 경우에는,

$$NH_4^+(aq) + OH^-(aq) \rightleftharpoons NH_3(aq) + H_2O$$

소량의 H^+가 완충 용액에 가해지면, 평형은 왼쪽으로 이동한다.

$$NH_3(aq) + H_+(aq) \rightarrow NH_4^+(aq)$$

소량의 OH^-가 완충 용액에 가해지면, 평형은 오른쪽으로 이동한다.

$$NH_4^+(aq) + OH^-(aq) \rightarrow NH_3(aq) + H_2O$$

그러므로 완충 용액에 소량의 센산이나 센염기를 첨가하여도, 가해진 H^+나 OH^-가 완충 용액 안에서 소모되므로, 수소 이온 농도의 변화가 거의 없어 완충 용액의 pH는 거의 변화가 없게 된다.

기구 및 시약

시험관, 시험관대, 5 mL 피펫, 만능 pH 시험지, CH_3COONa, CH_3COOH, HCl, NaOH

실 험 과 정

1. 완충 용액 pH측정

   깨끗하게 말린 시험관 두 개를 준비하여 각각의 시험관에 1 M CH_3COOH 5 mL와 1 M CH_3COONa 5 mL를 넣어 완충 용액을 만든후, pH 시험지로 pH를 측정한다.

2. 위에서 만든 완충 용액 중 a) 하나에는 0.1 M HCl 0.5 mL를 가한 후 pH를 측정하고, b) 다른 하나에는 0.1 M NaOH 용액 0.5 mL를 가한 후 pH를 측정한다.

3. 깨끗하게 말린 시험관 두 개에 각각 증류수 10 mL씩을 넣고 pH를 측정한다.

4. 위의 증류수 용액 중 a) 하나에는 0.1 M HCl 0.5 mL를 가하여 pH를 측정하고, b) 다른 하나에는 0.1 M NaOH 0.5 mL를 가하여 pH를 측정한다.

참고사항

완충 용액의 pH는 다음과 같다.

$$HA \rightleftharpoons H^+ + A^-$$

$$K_a = \frac{[H^+][A^-]}{[HA]} \qquad [H^+] = K_a \cdot \frac{[HA]}{[A^-]} \qquad pH = pK_a - \log\frac{[HA]}{[A^-]}$$

예 비 보 고 서

대학 학과 학번 성명 조

실험 제목 :

1. 실험목적 :

2. 이론 :

3. 기구 및 시약 :

4. 실험방법 :

결 과 보 고 서

대학 학과 학번 성명 조

실험 제목 : 완충 용액

1. 원리 :

2. 기구 및 시약 :

3. 결과 :

   1. 완충 용액의 pH
   2. ⓐ HCl 가한 후의 pH
      ⓑ NaOH 가한 후의 pH
   3. 증류수의 pH
   4. ⓐ HCl 가한 후의 pH
      ⓑ NaOH 가한 후의 pH
   5. ⓐ 완충 용액에 HCl을 가했을 때의 pH 변화량
      ⓑ 완충 용액에 NaOH를 가했을 때의 pH 변화량
   6. ⓐ 증류수에 HCl을 가했을 때의 pH 변화량
      ⓑ 증류수에 NaOH를 가했을 때의 pH 변화량

문 제

1. 1 M CH_3COOH 5 mL와 1 M CH_3COONa 5mL로 만들어진 완충 용액의 pH를 계산하라.

2. a) 위의 완충 용액에 0.1 M HCl 0.5 mL를 가했을 때의 pH를 계산하라.

   b) 위의 완충 용액에 0.1 M NaOH 0.5 mL를 가했을 때의 pH를 계산하라.

3. 증류수 10 mL에 a) 0.1 M HCl 0.5 mL를 가했을 때의 pH를 계산하고, b) 0.1 M NaOH 0.5 mL를 가했을 때의 pH를 계산하라.

4. a) 1번의 완충 용액에 0.1 M HCl 0.5 mL를 가했을 때의 pH 변화량은 얼마인가?

   b) 1번의 완충 용액에 0.1 M NaOH 0.5 mL를 가했을 때 pH 변화량?

5. a) 증류수에 0.1 M HCl 0.5 mL를 가했을 때의 pH 변화량은 얼마인가?

   b) 증류수에 0.1M NaOH 0.5mL를 가했을 때의 pH 변화량은 얼마인가?

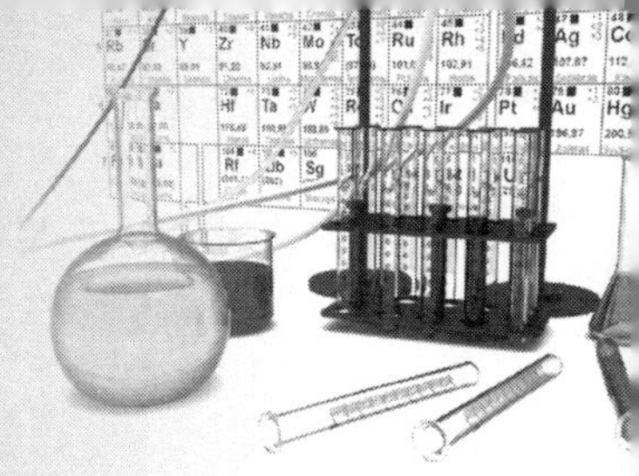

녹음열 결정

순수한 고체 물질을 녹인 후 서서히 식히면, 온도가 감소하다가 어느 정도 시간이 지나면 온도가 일정한 상태에 도달하는데, 이 온도를 어는점이라고 한다(그림 25-1). 이러한 시간과 온도의 관계를 나타내는 곡선을 냉각 곡선(cooling curve)이라고 한다.

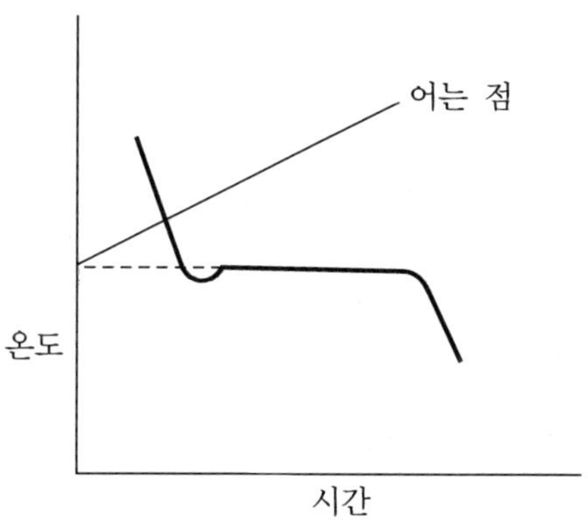

[그림 25-1] 순수한 액체의 냉각 곡선

용매에 용질을 첨가하면 첨가된 용질의 양에 비례하여 용액의 어는점이 정상 어는점(순수한 용매의 어는점)보다 내려가게 된다. 용액 상태에서는 냉각 곡선이 꺾어진 꼴로 나타난다(그림 25-2). 용매 A에 용질 B를 녹인 용액의 온도를 낮추어 A가 얼기 시작하는 온도를 T_f라 하면, A의 몰분율(전체 몰수에서 A가 차지하는 몰수), X_A는 다음과 같이 쓸 수 있다.

$$\log X_A = C - \frac{\Delta_{fus}H^0}{2.303RT_f}$$

여기에서, $\Delta_{fus}H^0$는 A의 표준 녹음열, R은 기체 상수(8.314 J/K · mol), C는 상수이다. 따라서, A의 몰분율을 달리 하면서 T_f를 측정하여, $1/T_f$에 대하여 $\log X_A$를 도시하면 직선을 얻게 되고, 이 직선의 기울기는 $-\Delta_{fus}H^0/2.303R$에 해당하므로 이로부터 $\Delta_{fus}H^0$를 구할 수 있다. 이 실험에서는 나프탈렌을 용매로 하고, p-다이클로로벤젠을 용질로 하여 나프탈렌의 $\Delta_{fus}H^0$를 구해본다.

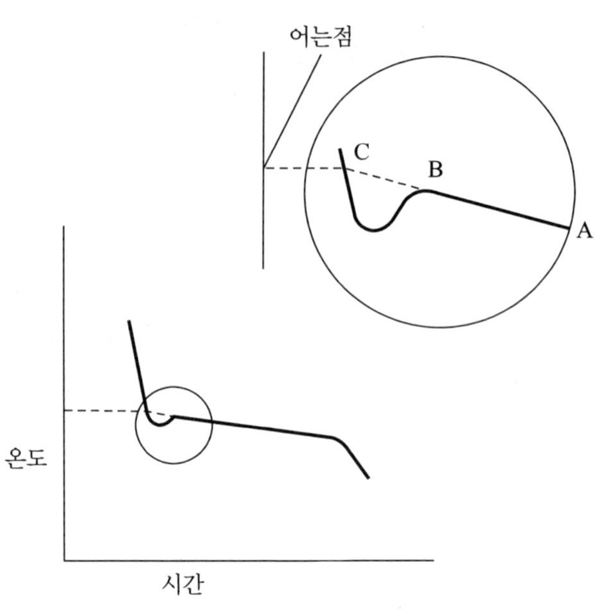

[그림 25-2] 용액의 냉각 곡선

기구 및 시약

500 mL 비커 두 개, 시험관, 시험관 집게, 초시계, 솜, 가열식 자석 교반기, 온도계, 나프탈렌, p-다이클로로벤젠

실 험 과 정

500 mL 비커에 시험관을 넣은 다음 솜을 채워 구멍을 만든다(그림 25-3). 다른 500 mL 비커에 물을 넣고 가열식 자석 교반기를 사용하여 가열한다. 10 g 정도의 나프탈렌($C_{10}H_8$)의 질량을 정확히 측정하여 시험관에 넣고 시험관을 물이 든 비커에 넣어 물 중탕을 한다. 나프탈렌이 완전히 녹은 후 온도계를 시험관에 넣는다. 시험관을 물에서 꺼내어, 표면의 물기를 완전히 제거하고, 비커 솜 구멍 속으로 다시 넣는다. 30초마다 온도를 측정하고, 온도의 변화가 거의 없을 때까지 온도를 기록하여, 순수한 나프탈렌의 어는점을 측정한다. 이 시험관에 4 g 정도의 p-다이클로로벤젠($C_6H_4Cl_2$)의 질량을 정확히 측정하여 넣고, 어는점 측정을 되풀이하여, 이 혼합물의 어는점을 결정한다. p-다이클로로벤젠 4 g씩을 더 넣고 실험하는 것을 총 4회 반복한다(16 g까지).

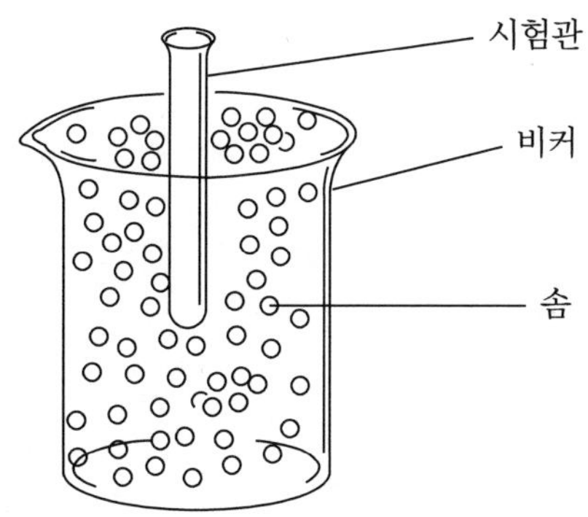

[그림 25-3] 어는점 측정 장치

예 비 보 고 서

대학 학과 학번 성명 조

실험 제목 :

1. 실험목적 :

2. 이론 :

3. 기구 및 시약 :

4. 실험방법 :

결 과 보 고 서

대학 ______ 학과 ______ 학번 ______ 성명 ______ 조 ______

실험 제목 :

1. 원리 :

2. 기구 및 시약 :

3. 결과 :

순수한 나프탈렌의 어는점 ______
나프탈렌 + p-다이클로로벤젠 4 g의 나프탈렌의 몰분율 ______ 어는점 ______
나프탈렌 + p-다이클로로벤젠 8 g의 나프탈렌의 몰분율 ______ 어는점 ______
나프탈렌 + p-다이클로로벤젠 12 g의 나프탈렌의 몰분율 ______ 어는점 ______
나프탈렌 + p-다이클로로벤젠 16 g의 나프탈렌의 몰분율 ______ 어는점 ______

기울기 ______
나프탈렌의 표준 녹음열 ______

4. 고찰 및 의문점 :

문 제

1. 용액이 들어 있는 시험관 주위를 솜으로 둘러싸는 이유는 무엇인가?

2. 나프탈렌이 p-다이클로로벤젠보다 어는점이 더 높은데, 만약 나프탈렌보다 어는점이 더 높은 용질을 첨가한다면 어떤 점을 고려해야하나?

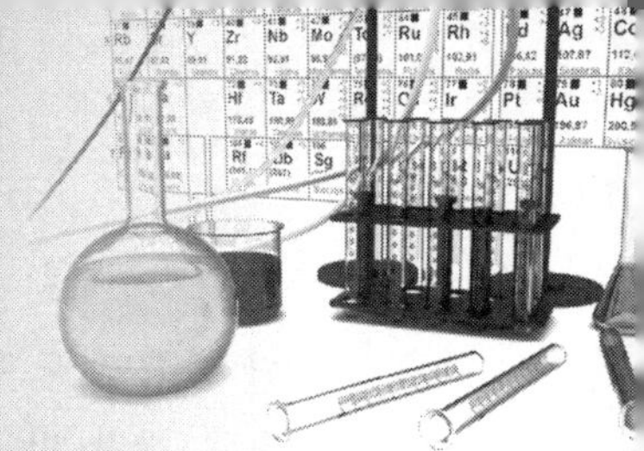

실험 26 과냉각과 돌비 현상

과냉각 현상(supercooling)은 액체가 어는점 이하에서도 고체로 변하지 않고 액체로 남아있는 상태를 말한다. 물질의 온도는 물질을 이루는 분자의 운동 에너지와 관계되는데, 온도가 낮을수록 분자의 운동이 감소하게 된다. 물의 경우 어는점에서 물 분자들이 결정격자를 이루며 고체를 형성하는데, 액체 상태의 물이 고체화되는 과정은 에너지를 잃은 과정이다. 물 분자들이 결정격자를 형성하는 데는 일반적으로 물속의 작은 불순물이 핵이 되어서 결정이 자라게 된다. 여러분이 아주 순수한 물을 천천히 냉각하는 경우는 어는점 이하에서도 결정화 되지 않고 과냉각되는 현상을 관찰할 수 있다. 즉 어는점 이하에서 액체 상태로 존재하는 물의 상태를 만들 수 있는데 여기에 작은 충격을 가한다면 순식간에 얼음으로 변하게 된다(snap freezing).

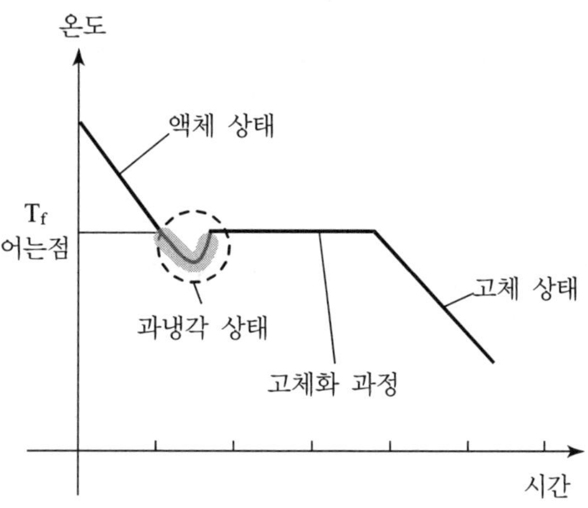

또한 이러한 현상은 액체를 가열할 때도 생각해 볼 수 있는데, 액체가 끓는점이 되어도 끓지 않고, 끓는점 이상으로 가열된 후 충격이나 이물질의 첨가 등에 의해 돌발적으로 끓는 현상을 볼 수 있다. 이것을 돌비 현상(bumping)이라고 하며 우리의 일상생활에서도 널리 관찰할 수 있다(라면 끓일 때 스프를 넣으면 거품이 생기는 현상, 전자레인지에 물을 끓일 때 용기를 꺼내면서 물이 끓어오르는 현상 등). 1기압에서 물을 가열하면 끓는점 100℃에서 물의 증기압도 1기압이 되므로 액체 표면뿐 아니라 내부에서도 기화가 시작되어 비등이 일어난다. 그러나 용기 안을 깨끗하게 하고 서서히 가열하면 물의

온도가 100℃에 이르러도 끓지 않고 100℃ 이상이 되는 과열 현상이 일어난다(유리 용기나 매끈한 도자기 용기 사용 시). 이 현상은 준안정 상태이므로 외부로부터의 작은 충격으로 한번 기포가 생기기 시작하면 매우 큰 기포를 생성하며, 폭발적으로 끓게 되는 것이다. 끓는 현상도 액체 속의 작은 입자 등에 부착되어 있던 공기 분자들이 핵이 되어 액체 내부에 기포를 생성하기 때문에 시작된다. 따라서 미리 끓여서 안에 들어 있던 공기를 제거한 순수한 액체는 돌비를 잘 일으킨다. 우리는 일반적인 실험에서 돌비 현상을 방지하기 위해 유리조각 같은 비등석 조각을 넣게 된다.

본 실험에서는 어는점 0℃인 물과, 어는점 48.3℃인 싸이오황산 소듐을 이용하여 과냉각 현상을 관찰해 본다. 또한 물의 끓는점에서 염화 소듐을 가함으로써 돌비 현상을 관찰하게 된다. 이 과정에서 우리는 용액에 용질이 가해지면 어는점이 낮아지고 끓는점이 높아지는 어는점 내림과 끓는점 오름 현상을 관찰할 수 있는데(총괄 성질), 염화 소듐의 경우는 전해질이므로 해리되면서 두 개의 입자(이온)를 형성함을 염두에 두어야 한다. 끓는점 오름과 어는점 내림에 따른 온도 변화는 다음 식으로 계산될 수 있다.

끓는점 오름: $\Delta T_b = iK_bm$

어는점 내림: $\Delta T_f = iK_fm$

여기서 i는 반트 호프(van't Hoff_ 인자, m은 몰랄 농도(용매 1kg당 용질의 몰수), K_b는 끓는점 오름 상수(물의 경우 1.86℃/m), K_f는 어는점 내림 상수(물의 경우 0.52℃/m)이다.

기구 및 시약

염화 소듐(NaCl), 싸이오황산 소듐($Na_2S_2O_3 \cdot 5H_2O$), 50ml 비커, 250ml 플라스크, 온도계, 물중탕 그릇, 얼음

실 험 과 정

A) 물의 과냉각 현상

1. 섭씨 0도 이하의 낮은 온도를 얻기 위해서 얼음에 염화 소듐을 가하여 아이스 배스(ice bath)를 만든다. 얼음 100g 정도에 염화 소듐 20g 정도를 가하면 어는점 내림 현상에 의해 섭씨 영하 10도 정도까지 온도가 떨어지는 것을 관찰할 수 있다. 물중탕 그릇에 정확히 무게를 잰 얼음과 염화 소듐을 섞어서 넣어준다(얼음 100g 당 염화 소듐 20g 정도를 넣어준다).

2. 50ml 비커에 순수한 증류수 15~20ml 정도를 채우고 앞에서 준비한 얼음 중탕에 담근다(비커가 움직이지 않게 하는 것이 중요함). 비커 안쪽과 바깥쪽에 온도계

를 꽂아 온도 변화를 관찰한다.

3. 2~30분 동안의 온도 변화를 관찰한다. 얼음 중탕의 온도는 영하 7~8도 이하로 내려가는 것을 관찰할 수 있을 것이며, 비커 안의 물의 온도도 서서히 내려가서 영하의 온도로 내려가는 것을 관찰할 수 있다(시간에 따른 온도 변화를 관찰, 기록한다).

4. 비커 안의 물의 온도가 영하 2~3도 정도로 낮아진 상태를 유지할 때 비커를 "아주 조심스럽게" 꺼내어서 얼음 한 조각을 떨어뜨려 본다. 순식간에 물이 얼음으로 변하는 것을 관찰하게 된다(얼음을 떨어뜨리는 대신 조심스럽게 안의 물을 다른 비커에 따라보면 얼음 빙수가 만들어지는 것을 관찰할 수도 있다). 가능하다면 핸드폰이나 디지털 카메라로 과냉각되는 현상을 촬영하면 좋은 기록이 될 것이다.

5. 얼음 중탕의 가장 낮은 온도를 관찰하여 이론적으로 계산한 어는점 내림 현상에 의한 어는점과 비교해 본다.

B) 싸이오황산 소듐의 과냉각 현상

1. 50ml 비커에 싸이오황산 소듐 30g 정도를 넣고 물중탕으로 가열한다(비커에 이 물질이 들어가지 않도록 각별히 주의한다). 싸이오황산 소듐의 녹는점은 48.3℃이므로 잠시 후 비커 안의 시료가 서서히 녹게 된다.

2. 시료가 완전히 녹은 후 조심스럽게 비커를 꺼내어 찬물에 담가서 식힌다(얼음 중탕을 이용해도 좋으나 너무 갑자기 식히면 안되므로 소량의 얼음만을 이용한다). 역시 비커가 절대 움직이지 않게 서서히 식을 수 있도록 10-20분간 방치해 둔다(비커를 파라필름 등으로 덮으면 좋다).

3. 약 2~30분 후 비커가 충분히 식혀지면 (경우에 따라 용액이 약간 뿌예지는 것을 관찰할 수 있다), 비커를 조심스럽게 꺼내어 비커 안이 액체 상태인 것을 확인한 후 싸이오황산 소듐 결정 한 개를 떨어뜨려 본다.

4. 떨어뜨린 결정 주위로 크리스탈이 형성되면서 빠른 시간에 비커 전체가 고체로 변화하는 현상을 관찰하게 된다. 이 실험도 가능하다면 핸드폰이나 디지털 카메라로 과냉각되는 현상을 촬영하면 좋다.

   비커를 꺼낼 때 이미 결정화되었다면 꺼낼 때 충격이 가해졌거나 불순물이 중간에 포함된 경우일 것이다. 결정을 떨어뜨렸을 때 고체화되지 않는다면 충분히 온도가 낮아지지 않은 것이다.

C) 돌비 현상 관찰

1. 250ml 플라스크에 증류수 100ml를 넣고 끓을 때까지 가열해준다(온도계 설치). 온도가 섭씨 100도 근처에 이르러서 막 끓기 시작할 때에 염화 소듐 20g을 가하되 한꺼번에 가하지 말고 조금씩 가하면서 돌비 현상을 관찰한다(처음 염화 소듐을 한 스푼 정도 가하면 아주 격렬하게 거품이 나는 돌비 현상을 관찰할 수 있다(이 실험도 가능하다면 핸드폰이나 디지털 카메라로 과냉각되는 현상을 촬영하면 좋다).

2. 나머지 염화 소듐을 모두 가한 후 온도가 얼마나 올라가는지 관찰한다. 이 경우는 계속 끓이면서 관찰한다면 수증기가 증발하여 용액의 농도가 계속 증가하게 되므로 온도가 섭씨 100도를 넘어선 후, 1분 간격으로 5분 동안의 온도 변화를 관찰한다. 끓는점이 얼마나 높아졌는가 관찰하고 이론적으로 계산한 끓는점 오름값과 비교해 본다.

주의사항

- 돌비 현상 관찰 시 물이 끓어올라 플라스크에 넘쳐나기 쉬우므로 처음 염화 소듐은 소량만 가해야 한다.

예 비 보 고 서

대학 학과 학번 성명 조

실험 제목 :

1. 실험목적 :

2. 이론 :

3. 기구 및 시약 :

4. 실험방법 :

결 과 보 고 서

대학 학과 학번 성명 조

실험 제목 :

1. 원리 :

2. 기구 및 시약 :

3. 결과 :

얼음의 질량(g)		물의 질량(g)	
염화 소듐 질량(g)		염화 소듐 질량(g)	
몰랄 농도(m)		몰랄 농도(m)	
어는점 변화량(ΔT_f)		끓는점 변화량(ΔT_b)	
관찰된 가장 낮은 온도(℃)		관찰된 끓는점(℃)	

4. 고찰 및 의문점 :

문 제

1. 증류수, 수돗물, 한번 끓였다 식힌 물, 천연 약수물 등의 과냉각 현상을 관찰한다면 과냉각이 가장 잘 되는 물은 어떤 것일까?

2. 염화 소듐 대신 염화 칼슘을 사용한다면 어떠한 현상이 일어날지 생각해 보시오.

3. 싸이오황산 소듐이 고체화될 때 비커를 만지면 따뜻한데 왜 그럴까?

4. 돌비 현상의 경우 사용하는 용기나 물의 종류에 따라 어떠한 차이가 있을지 예측해 보시오.

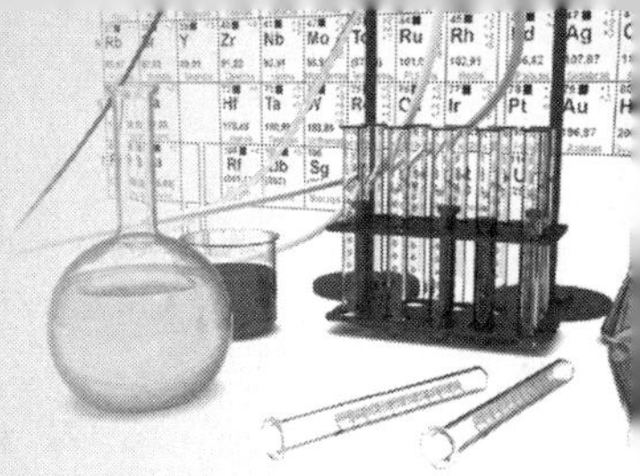

정성 분석 : 음이온 점적

시료 중에 어떤 화학종들이 존재하는가를 확인하는 방법을 정성 분석이라 하며, 가장 간단히 할 수 있는 방법이 이온 점적 시험이다.

시료에 포함되어 있는 음이온 성분이, 가해주는 시약과 반응하여 생성물로서 기체를 발생하거나, 색깔띤 침전을 만들거나, 또는 산화·환원 반응에 의하여 산화수가 달라짐에 따라 색깔을 변하게 함으로써 음이온 성분들을 확인할 수 있다.

그러나 이 점적 시험은 시료 속에 들어 있는 다른 성분이 동시에 같은 반응을 할 때는 다른 성분에 의한 방해를 받게 된다. 이때 이러한 이온들의 방해를 제거하기 위해서는 pH를 변화시키거나, 추출 방법이나 침전을 만들어 제거하거나 또는 가리움제를 사용하기도 한다.

다음 실험에서는 음이온들에 대한 방해 요인들이 모두 제거되었다고 가정하고 실험을 하기로 한다.

기구 및 시약

시험관, 스포이드, 5 mL 피펫, 알코올 램프, 물중탕, 거름종이, 핀셋, 삼발이, 시험관 집게, $Na_2C_2O_4$, HNO_3, $KMnO_4$, Na_2SO_4, HCl, $BaCl_2$, K_2CrO_4, Na_2S, $Pb(CH_3COO)_2$, CH_3COONa, $(NH_4)_2MoO_4$, KSCN, $Fe(NO_3)_3$, Na_2HPO_4, H_2O_2

실 험 과 정

이러한 점적 시험은 정확한 확인을 위해 0.1M 이상의 진한 용액을 사용하는 것이 바람직하다.

1. $C_2O_4^{2-}$(옥살산 이온)

시험관에 0.1 M $Na_2C_2O_4$ 용액 3mL를 취하고 여기에 6 M HNO_3 용액 네다섯 방울 넣어준다. 용액을 60℃ 정도로 가열한 다음, 0.01 M $KMnO_4$ 용액을 연한 자주색이 유지될 때까지 한 방울씩 천천히 가한다. 연한 자주색이 유지되는 데 $KMnO_4$ 용액이 단지 한 방울만 필요하다면 $C_2O_4^{2-}$가 없다는 것, 그리고 여러 방울이 필요하다면

$C_2O_4^{2-}$가 있다는 것을 의미한다.

$$5C_2O_4^{2-}(aq) + 2MnO_4^{-}(aq) + 16H^{+}(aq) = 10CO_2(g) + 2Mn^{2+}(aq) + 8H^2O(l)$$

2. SO_4^{2-}(황산 이온)

시험관에 0.1 M Na_2SO_4 용액 3mL를 취한다. 여기에 0.1 M $BaCl_2$ 용액 1 mL를 가해서 $BaSO_4$ 흰색 침전이 생기면 SO_4^{2-}가 들어 있다는 증거가 된다.

$$SO_4^{2-}(aq) + Ba^{2+}(aq) \rightarrow BaSO^4(s)$$

3. S^{2-}(황화 이온)

시험관에 0.1 M Na_2S 용액 3 mL를 취하고, 여기에 6 M HCl 용액 2 mL를 가하고 조심스럽게 냄새를 맡아본다. 이때 달걀 썩는 냄새가 나면, S^{2-} 이온이 H^+와 반응하여 H_2S 기체가 발생한 것이다.

$$S^{2-}(aq) + 2H^{+}(aq) \rightarrow H_2S(g)$$

좀 더 정확하게 확인하려면 0.1 M $Pb(CH_3COO)_2$ 용액이 적셔있는 거름종이를 시험관 입구에 대고 검은색(PbS)으로 변하는지를 관찰한다.

$$S^{2-}(aq) + Pb^{2+}(aq) \rightarrow PbS(s)$$

4. CrO_4^{2-}(크로뮴산 이온)

CrO_4^{2-}가 들어 있는 용액은 노란색을 띤다. 그러나 좀 더 정확하게 확인하기 위해서는 Ba^{2+}를 가했을 때 노란색 침전이 생기는지를 확인하여야 한다. 시험관에 0.1 M K_2CrO_4 용액 3 mL와 2 M CH_3COONa 용액을 열 방울 정도 취한다. 여기에 0.1 M Ba^{2+} 용액을 떨어뜨려서 노란색 침전 $BaCrO_4$가 생기면 CrO_4^{2-}가 있다는 증거가 된다.

$$CrO_4^{2-}(aq) + Ba^{2+}(aq) = BaCrO_4(s)$$

다른 방법은 0.1 M K_2CrO_4 용액 3 mL에 6 M HNO_3 용액 2 mL를 첨가하고, 흐르는 수돗물을 이용하여 식힌 후 3% H_2O_2 3 mL 정도를 가한다. 만약 CrO_4^{2-}가 있으면 CrO_5의 불안정한 크로뮴 화합물이 생성되어 연한 푸른색을 관찰할 수 있게 된다.

$$2CrO_4^{2-}(aq) + 2H^{+}(aq) = 2HCrO_4^{-}(aq) = Cr_2O_7^{2-}(aq) + H_2O(l)$$
$$Cr_2O_7^{2-}(aq) + 4H_2O_2(aq) + 2H^{+}(aq) = 2CrO_5(aq) + 5H_2O(l)$$

5. SCN^-(싸이오사이안산 이온)

시험관에 0.1 M KSCN 용액 3 mL를 취한다. 6 M HNO_3 용액을 다섯 방울 정도 넣어주어 산성이 되도록 한 다음, 0.1 M $Fe(NO_3)_3$ 용액 세 방울을 가했을 때 용액이 진한 붉은색으로 변하면 SCN^-이 있다는 증거가 된다.

$$SCN^-(aq) + Fe^{3+}(aq) = FeSCN^{2+}(aq)$$

6. PO_4^{3-}(인산 이온)

시험관에 0.1 M Na_2HPO_4 용액 3 mL를 취하고, 여기에 6 M HNO_3 용액 0.5 mL를 가한다. 그리고 0.5 M $(NH_4)_2MoO_4$ 용액 1 mL를 잘 저으면서 가해 주었을 때 노란색 침전 $(NH_4)_3PO_4 \cdot 12MoO_3$이 생기면 인산이 있다는 증거가 된다.

$$H_2PO_4^-(aq) + 3NH^{4+}(aq) + 12MoO_4^{2-}(aq) + 22H^+(aq)$$
$$\rightarrow (NH_4)_3PO_4 \cdot 12MoO_3(s) + 12H_2O(l)$$

예 비 보 고 서

대학 학과 학번 성명 조

실험 제목 :

1. 실험목적 :

2. 이론 :

3. 기구 및 시약 :

4. 실험방법 :

결 과 보 고 서

대학 학과 학번 성명 조

실험 제목 :

1. 원리 :

2. 기구 및 시약 :

3. 결과 :

	최종 결과 생성물	변화 현상(용액 및 침전 색깔 등)
1) 옥살산 이온		
2) 황산 이온		
3) 황화 이온		
4) 크로뮴산 이온		
5) 싸이오사이안산 이온		
6) 인산 이온		

4. 고찰 및 의문점 :

문 제

1. CrO_4^{2-}를 노란색 $BaCrO_4$ 침전이 형성되는 것을 이용하여 확인하려고 할 때 2 M CH_3COONa 용액을 가하는 이유는 무엇인가?

2. Fe^{3+}를 이용하여 SCN^-를 확인하려고 할 때, 용액을 산성이 되도록 하는 이유는 무엇인가?

3. MnO_4^- 이온을 가하여 $C_2O_4^{2-}$를 확인할 때, 60℃로 가열하는 이유는 무엇인가?

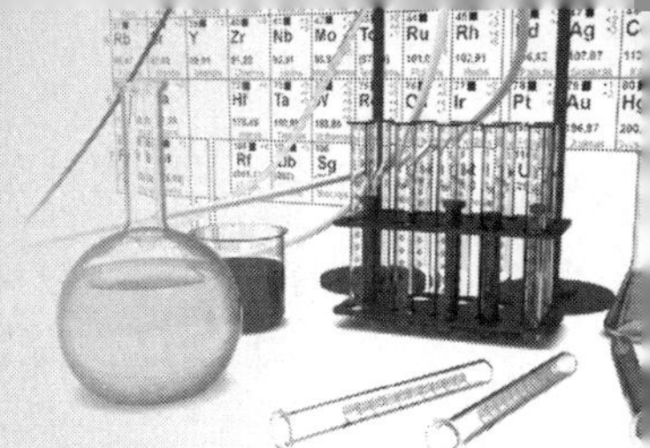

실험 28 정성 분석 : 양이온 I족

양이온 I족에 포함되는 원소들은 차가운 산성 용액에서 염화물 침전을 일으키는 양이온들로서, Pb^{2+}, Hg_2^{2+}, Ag^+ 이온이 있다.

차가운 미지시료에 HCl을 가했을 때 침전이 생기지 않으면 Pb^{2+}, Hg_2^{2+}, Ag^+ 이온이 존재하지 않는 것이다. 만일 침전이 생겼다면 침전을 걸러서 어떤 이온들이 들어 있는지를 개별적으로 확인하면 된다.

$$Pb^{2+}(aq) + 2Cl^-(aq) \rightarrow PbCl_2(s)$$
$$Hg_2^{2+}(aq) + 2Cl^-(aq) \rightarrow Hg_2Cl_2(s)$$
$$Ag^+(aq) + Cl^-(aq) \rightarrow AgCl(s)$$

이때 HCl을 너무 과량으로 넣어주면 $AgCl_2^-$와 $PbCl_4^{2-}$의 착이온이 형성되어 용해되어 나오는 경향성이 있으므로 주의하여야 한다.

$$AgCl(s) + Cl^-(aq) \rightarrow AgCl_2^-(aq)$$
$$PbCl_2(s) + 2Cl^-(aq) \rightarrow PbCl_4^{2-}(aq)$$

Pb^{2+}는 $PbCl_2$가 뜨거운 수용액에서 용해도가 증가한다는 점과 $PbCrO_4$의 노란색 침전을 만든다는 점을 이용하여 확인할 수 있다.

$$Pb^{2+}(aq) + CrO_4^{2-}(aq) \rightarrow PbCrO_4(s)$$

Hg_2^{2+}는 Hg_2Cl_2가 다음과 같은 불균등화 반응을 하여

$$Hg_2Cl_2(s) + 2NH_3(aq) \rightarrow HgNH_2Cl(s) + Hg(l) + Cl^-(aq) + NH_4^+(aq)$$

흰색의 염화아미도 수은 그리고 검은색을 띠는 가는 입자의 수은과 같은 난용성 물질을 만드는 것을 이용하여 확인할 수 있다.

Ag^+는 AgCl이 NH_3와 반응하여 다음과 같이 용해되어 나오고,

$$AgCl(s) + 2NH_3(aq) \rightarrow Ag(NH_3)_2^+(aq) + Cl^-(aq)$$

이 용액을 산성이 되게 한 후 흰색 침전(AgCl)이 생기는 것으로부터 확인할 수 있다.

$$Ag(NH_3)_2^+(aq) + 2H^+(aq) + 2Cl^-(aq) \rightarrow AgCl(s) + 2NH_4^+(aq) + Cl^-(aq)$$

기구 및 시약

시험관, 5 mL 피펫, 스포이드, 물중탕, 삼발이, 원심분리기, 원심분리관, 씻기병, 유리 막대, $AgNO_3$, $Hg_2(NO_3)_2$, $Pb(NO_3)_2$, HCl, CH_3COONa, K_2CrO_4, 리트머스 종이, NH_4OH, HNO_3.

실험과정

1. 양이온 I 족 침전

0.1 M Ag^+, Hg_2^{2+}, Pb^{2+}의 질산염 용액을 원심분리관에 각각 1 mL씩을 취하여 혼합용액을 만든다. 여기에 6 M HCl 용액 열 방울 정도 가한다.

- 침전이 생기면 원심분리기에 넣고 원심분리를 한다. 원심분리를 한 후 세 이온들이 모두 침전되었는지를 확인하기 위하여 6 M HCl 용액을 두 방울 정도 더 가해 본다. 이때 침전이 더 생기지 않으면 상층액을 버리고, 만일 상층액에 다른 이온이 존재하는지를 확인하려면 상층액을 따로 보관한다. 침전에 다른 이온들이 존재하지 않도록 침전을 1~2 mL의 증류수로 두세 번 씻어 준다.

2. Pb^{2+} 확인

원심분리관에 들어 있는 침전에 증류수 2 mL 정도를 넣고 유리 막대로 저어주면서 가열한다. 이것을 다시 원심분리하여 상층액은 다른 시험관에 옮기고, 침전은 잘 보관하여 다른 이온들을 확인하는 데 사용한다. 시험관에 들어 있는 상층액에 6 M CH_3COONa 용액 세 방울을 가한 후, 1 M K_2CrO_4 용액을 한 방울 가한다. 이때 $PbCrO_4$의 노란색 침전이 생기면 Pb^{2+} 이온이 존재한다는 것을 의미한다.

3. Hg_2^{2+} 확인

원심분리관 안에 있는 침전을 뜨거운 물로 씻고 씻은 액은 버린다. 원심분리관에 있는 침전에 6 M NH_4OH 용액을 열 방울 넣고 유리 막대로 잘 저어준다. 이것을 원심분리하고 위에 남아 있는 상층액을 따라내어 Ag^+ 확인에 사용하고, 침전이 회색이나 흰색으로 변화되어 있으면 Hg_2^{2+}이온이 들어 있다는 증거가 된다.

4. Ag^+ 확인

- 3번 실험에서 얻은 상층액에 6 M HNO_3를 한 방울씩 가하면서 산성 용액으로 만들었을 때(푸른색 리트머스 시험지로 확인) 흰색의 AgCl 침전이 생기면, Ag^+ 이온이 들어 있다는 것을 나타내는 것이다.

예 비 보 고 서

대학 학과 학번 성명 조

실험 제목 :

1. 실험목적 :

2. 이론 :

3. 기구 및 시약 :

4. 실험방법 :

결 과 보 고 서

대학 학과 학번 성명 조

실험 제목 :

1. 원리 :

2. 기구 및 시약 :

3. 결과 :
   양이온 I족을 정성 분석할 수 있는 계통표를 만들어라.

4. 고찰 및 의문점 :

문 제

1. Pb^{2+}가 있는지를 확인하는 반응은 침전, 용해, 침전 세 단계로 나타낼 수 있다. 각 단계에서의 알짜 반응식을 써라.

2. $Ag(NH_3)_2^+$로 용해되어 있는 상층액에 HNO_3를 가하면 침전이 생기는 현상에 대해 설명하라.

3. 양이온 I 족의 세 가지 이온이 가지고 있는 공통적인 특성은 무엇인가?

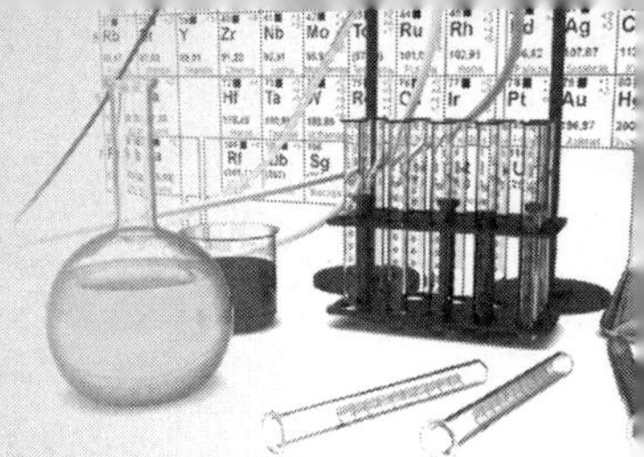

실험 29 정성 분석 : 양이온 Ⅱ족

양이온 Ⅱ족에 포함되는 원소들은 차가운 산성 용액에서 염화물 침전을 만들지 않고, 대신 산성 용액에서 H_2S에 의하여 황화물 침전이 만들어지는 양이온들로서, Cu^{2+}, Bi^{3+}, Cd^{2+} 등 여러 이온들이 있다.

Cu^{2+}는 H_2S에 의하여 검은색 침전 CuS를 만든다.

$$Cu^{2+}(aq) + H_2S(aq) \rightarrow CuS(s) + 2H^+(aq)$$

이 침전은 HCl, $(NH_4)_2S$에 의해서는 용해되지 않지만 HNO_3에 의해서는 용해된다.

$$3CuS(s) + 8NO_3^-(aq) + 8H^+(aq) \rightarrow 3Cu^{2+}(aq) + 3S(s) + 2NO(g) + 4H_2O(l) + 6NO_3^-(aq)$$

Cu^{2+}는 과량의 NH_3에 의하여 진한 푸른색 착물인 $Cu(NH_3)_4^{2+}$를 만들고, NaOH가 첨가되면 푸른색 침전인 $Cu(OH)_2$를 만든다. 또한 중성 또는 약한 산성에서는 Cu^{2+}가 $K_4Fe(CN)_6$와 반응하여 갈색인 $Cu_2Fe(CN)_6$ 침전을 만든다.

Bi^{3+}용액에 H_2S를 가하면 흑갈색의 Bi_2S_3침전이 생긴다.

$$2Bi^{3+}(aq) + 3H_2S(aq) \rightarrow Bi_2S_3(s) + 6H^+(aq)$$

이것은 HCl이나 S^{2-}에 의해서는 용해되지 않지만 HNO_3에 의해서는 용해된다.

$$Bi_2S_3(s) + 8NO_{3-}(aq) + 8H^+(aq) \rightarrow 2Bi^{3+}(aq) + 3S(s) + 2NO(g) + 4H_2O(l) + 6NO_{3-}(aq)$$

NaOH를 가하면 흰색 침전 $Bi(OH)_3$가 생기고 NaOH를 과량으로 가하더라도 용해되지 않는다. Bi^{3+}는 센 산성용액이 아닌 경우에는 Cl^-이온과 물과 반응하여 난용성 흰색 침전 BiOCl을 만든다.

$$Bi^{3+}(aq) + Cl-(aq) + H_2O(l) \rightarrow BiOCl(s) + 2H^+(aq)$$

Cd^{2+}는 H_2S에 의하여 노란색 침전 CdS를 만들고, 센 산성 용액에서는 침전이 오렌지색으로 변한다.

$$Cd^{2+}(aq) + H_2S(aq) \rightarrow CdS(s) + 2H^+(aq)$$

CdS는 묽은 HCl, Na_2S, $(NH_4)_2S$ 등에 의하여 용해되지 않고, 단지 진한 염산, 황산 또는 질산에 의해서만 용해된다.

$$3CdS(s) + 8NO_3-(aq) + 8H^+(aq)$$
$$\rightarrow 3Cd^{2+}(aq) + 3S(s) + 2NO(g) + 4H_2O(l) + 6NO_3-(aq)$$

NaOH에 의하여 $Cd(OH)_2$ 침전이 만들어지고, NaOH를 과량으로 가하더라도 $Cd(OH)_2$는 용해되지 않는다. 그러나 NH_3용액에 의해서도 $Cd(OH)_2$ 침전을 얻을 수 있고

$$NH_3(aq) + H_2O(l) = NH^{4+}(aq) + OH-(aq)$$
$$Cd^{2+}(aq) + 2OH-(aq) \rightarrow Cd(OH)_2(s)$$

NH_3를 과량으로 가해주면 $Cd(NH_3)_4^{2+}$ 착물이 형성되어 용해된다.

$$Cd(OH)_2(s) + 4NH_3(aq) \rightarrow Cd(NH_3)_4^{2+}(aq) + 2OH-(aq)$$

Cd^{2+}는 NH_4Cl 포화 용액에서 $CdCl_4^{2-}$ 착물을 만들고

$$Cd^{2+}(aq) + 4Cl-(aq) = CdCl_4^{2-}(aq)$$

이것은 염기성 용액에서 H_2S와 반응하여 노란색 CdS 침전을 만든다.

$$CdCl_4^{2-}(aq) + H_2S(g) = CdS(s) + 2H^+(aq) + 4Cl-(aq)$$

금속 황화물 침전을 만들려고 할 때는 보통 H_2S 기체와 반응시킨다. 그러나 H_2S는 냄새가 별로 좋지 않아 사용하는 데 매우 어렵다. 따라서 싸이오아세트아마이드(thioacetamide) 용액을 시료에 가한 후 가열하여 직접 용액에서 생성되는 H_2S를 사용한다.

$$CH_3CSNH_2(aq) + 2H_2O(l) \xrightarrow{\triangle} H_2S(aq) + CH_3COO-(aq) + NH_4^+(aq)$$

이때 수용액에서의 S^{2-}의 농도는 수소 이온의 농도에 따라 달라진다. 양이온 Ⅱ족은 용해도가 매우 낮은 금속 황화물 침전을 만드므로 S^{2-}이온의 농도가 매우 작을 때, 즉 수소 이온 농도가 매우 큰 센 산성 용액에서도 침전이 잘 이루어지는 양이온들이다.

수소 이온 농도가 증가하면 H_2S의 해리 평형이 왼쪽으로 이동하여 S^{2-}농도가 감소된다.

$$H_2S(aq) = 2H^+(aq) + S^{2-}(aq)$$

기구 및 시약

시험관, 원심분리관, 5 mL 피펫, 원심분리기, 스포이드, 물중탕, 전열기, 삼발이, 100 mL 비커, $Bi(NO_3)_3$, $Cu(NO_3)_2$, $Cd(NO_3)_2$, HCl, 만능 pH시험지, CH_3CSNH_2, NH_4Cl, HNO_3, NH_4OH, 푸른색 리트머스 시험지, CH_3COONa, CH_3COOH, $K_2Fe(CN)_6$

실 험 과 정

1. 황화물 침전

Cu^{2+}, Bi^{3+}, Cd^{2+}의 질산염 또는 염화물 0.1 M 용액을 원심분리관에 각각 1 mL씩을 취하여 혼합 용액을 만든다. 6 M HCl 용액을 가하고 만능 pH 시험지를 이용하여 pH가 약 0.5 정도로 되게 한다. 여기에 1 M 싸이오아세트아마이드 용액을 20방울 정도 넣어주고, 물중탕에서 5분 동안 가열한다. 이것을 원심분리한 후, 상층액은 다른 이온들을 확인하는 데 사용하려면 따로 보관하고, 그렇지 않으면 버린다.

2. Cu^{2+} 확인

원심분리관에 들어 있는 침전에 6 M HNO_3 용액 30방울을 가하고 가열하여 황화물 침전을 용해시킨다. 이것을 원심분리하여, 상층액은 비커에 옮기고, 증발시켜 0.5 mL로 되게 하고, 이 증발시킨 용액을 15 M NH_4OH 용액을 가하여 염기성(붉은색 리트머스 시험지가 푸른색으로 될 때)이 되게 한다. 이때 용액이 진한 푸른색을 띠면 $Cu(NH_3)_4^{2+}$ 착물이 만들어진 것이므로 Cu^{2+}가 있다는 증거가 된다. 이 용액은 나중에 Cd^{2+}을 확인할 때 이용한다. Cu^{2+}를 더 정확하게 확인하기 위해서는 이 용액 중 적은 양을 따로 시험관에 취하고, 여기에 6 M CH_3COOH 용액을 가하여 푸른색을 없앤다. 그 다음 0.2 M $K_2Fe(CN)_6$ 용액 다섯 방울 정도를 가하였을 때 $Cu_2Fe(CN)_6$ 갈색 침전이 생기면 Cu^{2+}가 있다는 증거가 된다.

3. Bi^{3+} 확인

2번 실험에서 15 M NH_4OH 용액을 가했을 때 흰색 침전이 생기면 $Bi(OH)_3$ 침전이라고 예상할 수 있다. 그러나 더 정확한 확인을 하기 위해서는 원심분리를 한 후 침전을 6 M HCl 용액 다섯 방울로 용해시킨다. 이때 용해되지 않는 침전물이 있으면 황이므로 제거한다. 이 용액을 100 mL 차가운 증류수에 부어 흰색 침전 BiOCl가 생기면 Bi^{3+}가 있다는 증거가 된다.

4. Cd^{2+} 확인

만일 2번 실험의 용액에서 Cu^{2+}가 있었다면 푸른색 리트머스 시험지를 이용하여 용액이 산성으로 될 때까지 6 M HCl 용액을 가하고, 여섯 방울 정도를 더 가한다. 그리고 용액에 고체 NH_4Cl를 가하여 포화시킨다. 여기에 1 M 싸이오아세트아마이드 용액 열 방울 정도를 가하고 물중탕에서 5분 정도 가열한다. 그 다음 원심분리한 후 CuS 침전을 버리고 상층액은 시험관에 취하여 2 M CH_3COONa 용액 1 mL를 가한다. 이때 CdS 노란색 침전이 생기면 Cd^{2+} 이온이 존재한다는 증거가 된다.

예 비 보 고 서

대학 학과 학번 성명 조

실험 제목 :

1. 실험목적 :

2. 이론 :

3. 기구 및 시약 :

4. 실험방법 :

결과보고서

대학 학과 학번 성명 조

실험 제목 :

1. 원리 :

2. 기구 및 시약 :

3. 결과 :
   양이온 II, I 족을 정성 분석할 수 있는 계통표를 만들어라.

4. 고찰 및 의문점 :

문 제

1. H_2S를 발생시키는 방법에 대해 설명하라.

2. CdS, CuS, Bi_2S_3 중 어느 것이 용해도가 가장 낮은가? 그 이유를 설명하라.

3. CdS, CuS, Bi_2S_3가 다른 산에는 거의 용해되지 않는데 HNO_3에는 잘 용해된다. 그 이유는 무엇인가?

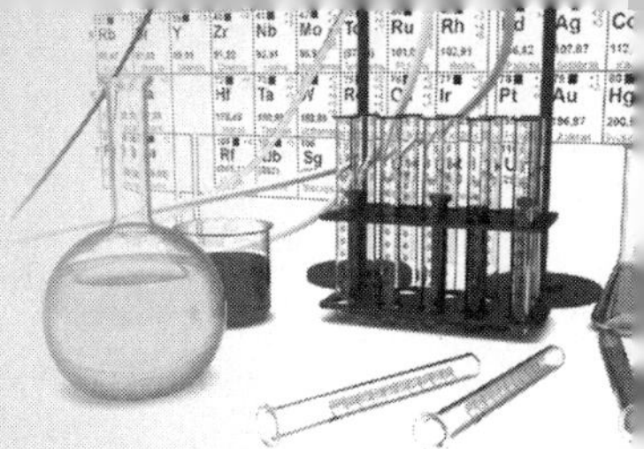

실험 30 정성 분석 : 양이온 Ⅲ족

양이온 Ⅲ족 원소들은 차가운 산성 용액에서 염화물 침전을 만들지 않고, 산성 용액에서 H_2S에 의하여 황화물 침전이 만들어지지 않으며, 대신 염기성 용액에서 수산화물 침전이 생기는 것들로 Al^{3+}, Ni^{2+}, Fe^{3+}등 여러 이온들이 있다.

Al^{3+}은 수용액 중에서 황화물 침전을 만들지 않지만 NH_4OH 용액에서 수산화 알루미늄 $Al(OH)_3$ 흰색 침전을 만든다.

$$Al^{3+}(aq) + 3OH-(aq) \rightarrow Al(OH)_3(s)$$

$Al(OH)_3$ 침전은 과량의 NH_4OH 또는 NH_4Cl에 의해서도 용해되지 않으나 NaOH 용액에서는 $Al(OH)_3$가 양쪽성이기 때문에 브뢴스테드 로우리(Brönsted-Lowry) 산으로 작용하여 용해된다.

$$Al(OH)_3(s) + OH-(aq) \rightarrow Al(OH)_{4-}(aq)$$

또 $Al(OH)_3$ 침전은 염기성 용액에서 알루미논(aluminon) 시약이 세게 흡착되면서 붉은색 침전으로 변한다.

Ni^{2+} 이온은 염기성 용액에서 $(NH_4)_2S$ 또는 H_2S에 의하여 검은색 침전 NiS를 만들고 이 침전은 1 M HCl에 의하여 용해되지 않고 진한 질산 또는 왕수에 의해서는 매우 잘 용해된다.

$$3NiS(s) + 8NO_{3-}(aq) + 8H^+(aq)$$
$$\rightarrow 3Ni^{2+}(aq) + 2NO(g) + 3S(s) + 4H_2O(l) + 6NO_{3-}(aq)$$

또 NH_4OH와 반응해서는 연한 녹색 침전인 $Ni(OH)_2$가 생기다가 과량의 NH_4OH가 첨가되면 착이온 $Ni(NH_3)_4{}^{2+}$를 만들기 때문에 자주색 용액을 만들면서 용해된다.

$$Ni^{2+}(aq) + 2OH-(aq) \rightarrow Ni(OH)_2(s)$$
$$Ni(OH)_2(s) + 4NH_3(aq) \rightarrow Ni(NH_3)_4{}^{2+}(aq) + 2OH-(aq)$$

NaOH에 의해서도 연한 녹색 침전인 $Ni(OH)_2$가 생긴다.

약한 산성 용액에서 Ni^{2+}는 다이메틸글리옥심과 정량적으로 반응하여 붉은색 침전을 만든다.

$$Ni^{2+}(aq) + 2H_2DMG \rightarrow Ni(HDMG)_2(s) + 2H^+(aq)$$

Fe^{3+}는 H_2S에 의하여 Fe^{3+}에서 Fe^{2+}로 환원되면서 S(황) 침전을 만든다. 또 $(NH_4)_2S$ 또는 Na_2S에 의해서는 Fe^{3+}가 Fe^{2+}로 환원되어 S^{2-}와 반응하여 검은색 FeS 침전을 만든다. 그러나 산성 용액에서는 H_2S로부터 나오는 S^{2-}의 농도는 FeS를 침전시키기에 충분한 농도가 되지 못한다.

Fe^{3+}가 들어 있는 용액에 NH_4OH 또는 NaOH를 가하면 $Fe(OH)_3$ 적갈색 침전을 얻을 수 있다. 이 $Fe(OH)_3$ 침전을 HCl로 용해시켜 얻은 용액에 SCN^-를 넣으면 진한 붉은색의 착이온, $FeSCN^{2+}$이 생긴다.

$$Fe(OH)_3(s) + 3H^+(aq) \rightarrow Fe^{3+}(aq) + 3H_2O(l)$$
$$Fe^{3+}(aq) + SCN^-(aq) \rightarrow FeSCN^{2+}(aq)$$

기구 및 시약

시험관, 원심분리관, 5 mL 피펫, 원심분리기, 스포이드, 물중탕, 전열기, 삼발이, 100 mL 비커, $Fe(NO_3)_3$, $Ni(NO_3)_2$, $Al(NO_3)_3$, HCl, NaOH, NH_4Cl, HNO_3, NH_4OH, KSCN, 알루미논(0.1 g을 100 mL물에 용해), 다이메틸글리옥심(1.2 g의 DMG를 95% 에탄올 100 mL에 용해)

실 험 과 정

1. 양이온 Ⅲ족 분리

양이온 Ⅱ족을 분리하고, 남은 용액을 사용할 경우, 이 용액을 100 mL 비커에 넣어 끓여서 H_2S와 남아있는 산을 날려 보내고, 전체 용액의 부피를 1 mL 정도 되게 한다. 이때 침전물이 있으면 원심분리하여 제거한다.

만일 양이온 Ⅲ족 혼합물을 사용하고자 할 때는 0.1 M의 Fe^{3+}, Ni^{2+}, Al^{3+} 용액 각각 1 mL 씩을 시험관에 취하고 6 M NaOH 15 방울을 가하여 용액을 센염기성으로 만든다.

원심분리하여 침전으로는 Fe^{3+}와 Ni^{2+}를 확인하고 상층액으로는 Al^{3+}를 확인한다.

2. Al^{3+} 확인

1번 실험의 상층액을 12 M HCl 용액으로 조심스럽게 중화시킨다. 6 M NH_4OH 용액으로 용액을 염기성으로 만들고 6 M NH_4OH 용액을 열 방울 더 가하고 가열한다. 이때 흰색의 젤라틴 모양이 생기면 Al^{3+}가 있다는 증거이다. 이 용액에 알루미논 용액 두 방울을 넣고 잘 저어준 다음 빨간색 침전이 생기는가를 확인한다. 이 빨간색 침전은 알루미논이 $Al(OH)_3$에 흡착되어 생기는 것이다.

3. Ni^{2+}와 Fe^{3+} 분리

1번 실험에서 얻은 침전 $Ni(OH)_2$와 $Fe(OH)_3$를 15 M HNO_3 용액 열 방울을 가하고 끓는 물중탕 속에서 가열하여 완전히 용해시킨다. 이것을 냉각시켜서 용액이 염기성이 될 때까지 15 M NH_4OH 용액을 가한다. 여기에 6 M NH_4OH 용액 다섯 방울을 더 가하면, Fe^{3+}는 $Fe(OH)_3$ 갈색 침전이 되고, Ni^{2+}는 $Ni(NH_3)_6{}^{2+}$ 착이온이 형성, 용해되어 존재하므로, 원심분리하여 상층액은 Ni^{2+} 확인에, 침전은 Fe^{3+} 확인에 사용한다.

4. Ni^{2+} 확인

3번 실험의 상층액에 다이메틸글리옥심 용액 다섯 방울을 가하여 붉은색 침전이 있으면 Ni^{2+}가 있다는 증거가 된다.

5. Fe^{3+} 확인

3번 실험의 침전을 6 M HCl 용액으로 용해시키고 3 mL 정도의 증류수로 묽힌 다음, 0.5 M KSCN 용액을 세 방울 가한다. 이때 용액이 붉은색을 띠면 Fe^{3+}가 존재한다는 증거가 된다.

예 비 보 고 서

대학 학과 학번 성명 조

실험 제목 :

1. 실험목적 :

2. 이론 :

3. 기구 및 시약 :

4. 실험방법 :

결 과 보 고 서

대학 ______ 학과 ______ 학번 ______ 성명 ______ 조 ______

실험 제목 :

1. 원리 :

2. 기구 및 시약 :

3. 결과 :
   양이온 III족을 정성 분석할 수 있는 계통표를 만들어라.

4. 고찰 및 의문점 :

문 제

1. 양이온 Ⅲ족의 세 가지 양이온 Al^{3+}, Ni^{2+}, Fe^{3+}이 가지는 공통적인 특성은 무엇인가?

2. 금속 이온과 침전을 만들 수 있는 유기 침전제에는 다이메틸글리옥심 이외에도 어떤 것들이 있는가?

3. $Al(OH)_3$에 알루미논을 넣으면 붉은색 침전이 만들어지는데, 이것은 어떤 현상이 일어나기 때문인가?

부록 I 무기 화합물의 용해도표

음이온 / 양이온	Cl^-	$C_2O_4^{2-}$	CO_3^{2-}	CrO_4^{2-}	OH	PO_4^{3-}	S^{2-}	SO_4^{2-}
Ag^+	암모니아	산 암모니아	산 암모니아	산 암모니아	산 암모니아	산 암모니아	질산	암모니아
Al^{3+}	S	산	산	S	산	산	S	S
Ba^{2+}	S	산	산	산	S	산	S	Ss C-H_2SO_4
Co^{2+}	S	산 암모니아	산	산 암모니아	산	산 암모니아	산	S
Cr^{3+}	S	산 NaOH	산 NaOH	산 NaOH	산 NaOH	산 NaOH	질산	S
Cu^{2+}	S	산 암모니아	산 암모니아	산	산 암모니아	산 암모니아	질산	S
Fe^{3+}	S	산	산	산	산	산	산	S
Hg^{2+}	S	SS 질산	산	산	산	산	Na_2S 왕수	산
Mg^{2+}	S	S	산	S	산	산	산	S
Mn^{2+}	S	산	산	불안정	산	산	산	S
Na^+	S	S	S	S	S	S	S	S
Ni^{2+}	S	산	산	S	산	산	질산	S
Pb^{2+}	염산 NaOH	산 NaOH	산 NaOH	산 NaOH	산 NaOH	산 NaOH	HNO_3	SS C-H_2SO_4
Zn^{2+}	S	산 NaOH	산 NaOH 암모니아	산 NaOH 암모니아	산 NaOH 암모니아	산 NaOH 암모니아	산	S

부록 Ⅱ 용해도 곱상수

물 질	화학식	K_{sp}
Aluminum hydroxide	$Al(OH)_3$	2×10^{-32}
Barium carbonate	$BaCO_3$	5.1×10^{-9}
Barium chromate	$BaCrO_4$	1.2×10^{-10}
Barium iodate	$Ba(IO_3)_2$	1.57×10^{-9}
Barium manganate	$BaMnO_4$	2.5×10^{-10}
Barium oxalate	BaC_2O_4	2.3×10^{-8}
Barium sulfate	$BaSO_4$	1.3×10^{-10}
Bismuth oxide chloride	$BiOCl$	7×10^{-9}
Bismuth oxide hydroxide	$BiOOH$	4×10^{-10}
Cadmium carbonate	$Cd\ CO_3$	2.5×10^{-14}
Cadmium hydroxide	$Cd\ (OH)_2$	5.9×10^{-15}
Cadmium oxalate	CdC_2O_4	9×10^{-8}
Cadmium sulfide	CdS	2×10^{-28}
Calcium carbonate	$CaCO_3$	4.8×10^{-9}
Calcium fluoride	CaF_2	4.9×10^{-11}
Calcium oxalate	CaC_2O_4	2.3×10^{-9}
Calcium sulfate	$CaSO_4$	1.2×10^{-6}
Copper(Ⅰ) bromide	$CuBr$	5.2×10^{-9}
Copper(Ⅰ) chloride	$CuCl$	1.2×10^{-6}
Copper(Ⅰ) iodide	Cul	1.1×10^{-12}
Copper(Ⅰ) thiocyaniate	$CuSCN$	4.8×10^{-15}
Copper(Ⅱ) hydroxide	$Cu(OH)_2$	1.6×10^{-19}
Copper(Ⅱ) sulfide	CuS	6×10^{-36}
Iron(Ⅱ) hydroxide	$FE(OH)_2$	8×10^{-16}
Iron(Ⅱ) sulfide	FeS	6×10^{-18}
Iron(Ⅲ) hydroxide	$Fe(OH)_3$	4×10^{-38}
Lanthanum iodate	$La(IO_3)_3$	6.2×10^{-12}
Lead carbonate	$PbCO_3$	3.3×10^{-14}
Lead chloride	$PbCl_2$	1.6×10^{-5}
Lead chromate	$PbCrO_4$	1.8×10^{-14}
Lead hydroxide	$Pb(OH)_2$	2.5×10^{-16}

물 질	화학식	K_{sp}
Lead iodide	PbI_2	7.1×10^{-9}
Lead oxalate	PbC_2O_4	4.8×10^{-10}
Lead sulfate	$PbSO_4$	1.6×10^{-8}
Lead sulfide	PbS	7×10^{-28}
Magnesium ammonium phosphate	$MgNH_4PO_4$	3×10^{-13}
Magnesium carbonate	$MgCO_3$	1×10^{-5}
Magnesium hydroxide	$Mg(OH)_2$	1.8×10^{-11}
Magnesium oxalate	MgC_2O_4	8.6×10^{-5}
Manganess(Ⅱ) hydroxide	$Mn(OH)_2$	1.9×10^{-13}
Manganess(Ⅱ) sulfide	MnS	3×10^{-13}
Mercury(Ⅰ) bormide	Hg_2Br_2	5.8×10^{-23}
Mercury(Ⅰ) chloride	Hg_2Cl_2	1.3×10^{-18}
Mercury(Ⅰ) iodide	Hg_2I_2	4.5×10^{-29}
Mercuric sulfide	HgS	1×10^{-54}
Nickel sulfide	NiS	1.8×10^{-21}
Silver arsenate	Ag_3AsO_4	1×10^{-22}
Silver bromide	$AgBr$	5.2×10^{-13}
Silver carbonate	Ag_2CO_3	8.1×10^{-12}
Silver chloride	$AgCl$	1.82×10^{-10}
Silver chromate	Ag_2CrO_4	1.1×10^{-12}
Silver cyanide	$AgCN$	7.2×10^{-11}
Silver iodate	$AgIO_3$	3.0×10^{-8}
Silver iodide	AgI	8.3×10^{-17}
Silver oxalate	$Ag_2C_2O_4$	3.5×10^{-11}
Silver sulfide	Ag_2S	6×10^{-50}
Silver thiocyanate	$AgSCN$	1.1×10^{-12}
Strontium carbonate	$SrCO_3$	1.6×10^{-9}
Stannous carbonate	$SnCO_3$	1.0×10^{-9}
Strontium oxalate	SrC_2O_4	5.6×10^{-8}
Strontium sulfate	$SrSO_4$	3.2×10^{-7}
Thallium(Ⅰ) chloride	$TlCl$	1.7×10^{-4}
Thallium(Ⅰ) sulfide	Tl_2S	1×10^{-22}
Zine hydroxide	$Zn(OH)_3$	1.2×10^{-17}
Zine oxalate	ZnC_2O_4	7.5×10^{-9}
Zine sulfide	ZnS	4.5×10^{-24}

부록 Ⅲ 염의 용해도

염의 종류	25℃	100℃	고체의 밀도
NH_4Cl	35	75.8	
$(NH_4)_2SO_4$	136	103.8	1.77
$(NH_4)_2Fe(SO_4)_2 \cdot 6H_2O$	27	73(at 80°)	
$(NH_4)CuCl_4 \cdot 2H_2O$	40	99(at 80°)	
$CuCl_2 \cdot 2H_2O$	75	107.9	
$CuSO_4 \cdot 5H_2O$	40	203	2.29
$NiSO_4 \cdot 6H_2O$	70	340.7	
K_2CrO_4		75.6	2.73
$K_2Cr_2O_7$	10	102	2.69
KNO_3	20	247	
K_2SO_4	12	24.1	2.66
$KAl(SO_4)_2 \cdot 12H_2O$	12	Infinite	
$K_2Ni(SO_4)_2 \cdot 6H_2O$	10	70	
$MnSO_4 \cdot 4H_2O$	136(16°)	169 (50°)	
$NaB_4O_7 \cdot 10H_3O$	5	201	
$NaC_2H_3O_3$	125	170	
Na_2CO_3	10	45.5	
$NaHCO_3$	8	16.4	
$NaCl$	36	39.1	2.16
$NaClO_3$	90	230	
$Na_2C_2O_4$	4	6.33	
$Na_2S_2O_3 \cdot 5H_2O$	90	291.1	

부록 Ⅳ 흔히 사용되는 산과 염기의 농도

시 약	분자식	포말농도	밀도	%(용질)
빙초산	CH_3COOH	17F	1.05g/ml	99.5
묽은 아세트산		6	1.04	34
진한 염산	HCl	12	1.18	37
묽은 염산		6	1.10	20
진한 질산	HNO_3	16	1.42	72
묽은 질산		6	1.19	32
진한 황산	H_2SO_4	18	1.84	96
묽은 황산		3	1.18	25
진한 수산화 암모늄	NH_4OH	15	0.90	58
묽은 수산화 암모늄		6	0.96	23
묽은 수산화 소듐	$NaOH$	6	1.22	20

부록 V 산의 상대적 세기

산	세 기	반 응
과염소산	매우 세다	$HClO_4 \rightarrow H^+ + ClO_4^-$
아이오딘화 수소산	$\vert$	$HI \rightarrow H^+ + I^-$
브로민화 수소산	$\vert$	$HBr \rightarrow H^+ + Br^-$
염산	$\vert$	$HCl \rightarrow H^+ + Cl^-$
질산	↓	$HNO_3 \rightarrow H^+ + NO_3^-$
황산	매우 세다	$H_2SO_4 \rightarrow H^+ + HSO_4^-$
옥살산	$\vert$	$HOOCCOOH \rightarrow H^+ + HOOCCOO^-$
아황산($SO_2 + H_2O$)	↓	$H_2SO_3 \rightarrow H^+ + HSO_3^-$
황산수소 이온	세 다	$HSO_4^- \rightarrow H^+ + SO_4^{-2}$
인산	$\vert$	$H_3PO_4 \rightarrow H^+ + H_2PO_4^-$
철(Ⅲ)이온 (제2철 이온)	$\vert$	$Fe(H_2O)_6^{+3} \rightarrow H^+ + Fe(H_2O)_5(OH)^{+2}$
텔루륨화 수소산	↓	$H_2Te \rightarrow H^+ + HTe^-$
플루오린화 수소산	약하다	$HF \rightarrow H^+ + F^-$
아질산	$\vert$	$HNO_2 \rightarrow H^+ + NO_2^-$
셀레늄화 수소	$\vert$	$H_2Se \rightarrow H^+ + HSe^-$
크로뮴(Ⅲ) 이온	$\vert$	$Cr(H_2O)_6^{+3} \rightarrow H^+ + Cr(H_2O)_5(OH)^{+2}$
벤조산	↓	$C_6H_5COOH \rightarrow H^+ + C_6H_5COO^-$
옥살산수소 이온	약하다	$HOOCCOO \rightarrow H^+ + OOCCOO^{-2}$
아세트산	$\vert$	$CH_3COOH \rightarrow H^+ + CH_3COO^-$
알루미늄 이온	$\vert$	$Al(H_2O)^{+3}{}_6 \rightarrow H^+ + Al(H_2O)_5(OH)^{+2}$
탄산($CO_2 + H_2O$)	↓	$H_2CO_3 \rightarrow H^+ + HCO_3^-$
황화 수소	약하다	$H_2S \rightarrow H^+ + HS^-$
인산이수소 이온	$\vert$	$H_2PO_4^- \rightarrow H^+ + HPO_4^{-2}$
아황산수소 이온	↓	$HSO_3^- \rightarrow H^+ + SO_3^{-2}$
암모늄 이온	약하다	$NH_4^+ \rightarrow H^+ + NH_3$
탄산수소 이온	$\vert$	$HCO_3^- \rightarrow H^+ + CO_3^{-2}$
텔루륨화 수소 이온	↓	$HTe^- \rightarrow H^+ + Te^{-2}$
과산화 수소	매우 약하다	$H_2O_2 \rightarrow H^+ + HO_2^-$
일산일수소 이온	$\vert$	$HPO_4^{-2} \rightarrow H^+ + PO_4^{-3}$
황화수소 이온	$\vert$	$HS^- \rightarrow H^+ + S^{-2}$
물	$\vert$	$H_2O \rightarrow H^+ + S^{-2}$
수산화 이온	↓	$OH^- \rightarrow H^+ + O^{-2}$
암모니아	매우 약하다	$NH_3 \rightarrow H^+ + NH_2^-$

부록 VI 산의 이온화 상수

이 름	화학식	이온화 상수		
		K_1	K_2	K_3
Acdtic	CH_3COOH	1.75×10^{-5}		
arsenic	H_3AsO_4	6.0×10^{-3}	1.05×10^{-12}	3.0×10^{-12}
arsenious	H_3AsO_3	6.0×10^{-10}	3.0×10^{-14}	
Benzoic	C_6H_5COOH	6.14×10^{-5}		
Boric	H_3BO_3	5.83×10^{-10}		
1-Butanoic	$CH_3CH_2CH_2COOH$	1.51×10^{-5}		
Carbonic	H_2CO_3	4.45×10^{-7}	4.7×10^{-11}	
Chloroace+ic	$ClCH_2COOH$	3.36×10^{-3}		
Citric	$HOOC(OH)C(CH_2COOH)_2$	7.45×10^{-4}	1.73×10^{-5}	4.02×10^{-7}
Ethylene-	H_4Y	1.0×10^{-2}	2.1×10^{-2}	6.9×10^{-7}
diamine-tetraacetic			$K_4 = 5.5\times10^{-11}$	
Formic	$HCOOH$	1.77×10^{-4}		
Fumaric	*trans*-$HOOCCH = CHCOOH$	9.6×10^{-4}	4.1×10^{-5}	
Glycolic	$HOCH_2COOH$	1.48×10^{-4}		
Hydrazoic	HN_3	1.9×10^{-5}		
Hydrogen	HCN	2.1×10^{-9}		
cyanide				
Hydrogen	HF	7.2×10^{-4}		
fluoride				
Hydrogen	H_2O_2	2.7×10^{-12}		
peroxide				
Hydrogen	H_2S	5.7×10^{-8}	1.2×10^{-15}	
sulfide				
Hypochlorous	$HOCl$	3.0×10^{-8}		
Iodic	HIO_3	1.7×10^{-1}		
Latic	$CH_3CHOHCOOH$	1.37×10^{-4}		
Maleic	*cis*-$HOOCCH = CHCOOH$	1.20×10^{-2}	5.96×10^{-7}	
Malic	$HOOCCHOHCH_2COOH$	4.0×10^{-4}	8.9×10^{-6}	
Malonic	$HOOCCH_2COOH$	1.40×10^{-3}	2.01×10^{-6}	
Mandelic	$C_6H_5CHOHCOOH$	3.88×10^{-4}		

이 름	화학식	이온화 상수		
		K_1	K_2	K_3
Nitrous	HNO_2	5.1×10^{-4}		
Oxalic	HOOCCOOH	5.36×10^{-4}	5.42×10^{-5}	
Periodic	H_5IO_6	2.4×10^{-2}	5.0×10^{-9}	
Phenol	C_6H_5OH	1.00×10^{-10}		
Phosphoric	H_3PO_4	7.11×10^{-3}	6.34×10^{-8}	4.2×10^{-13}
Phosphorous	H_3PO_3	1.00×10^{-2}	2.6×10^{-7}	
o-Phthalic	$C_6H_4(COOH)_2$	1.12×10^{-3}	3.91×10^{-6}	
Picric	$(NO_2)_3C_6H_2OH$	5.1×10^{-1}		
Propanoic	CH_3CH_2COOH	1.34×10^{-5}		
Pyruvic	$CH_3COCOOH$	3.24×10^{-3}		
Salicylic	$C_6H_4(OH)COOH$	1.05×10^{-3}		
Sulfamic	H_2NSO_3H	1.03×10^{-1}		
Sulfuric	H_2SO_4		1.20×10^{-2}	
Sulfurous	H_2SO_3	1.72×10^{-2}	6.43×10^{-8}	
Succinic	$HOOCCH_2CO_2COOH$	6.21×10^{-5}	2.32×10^{-6}	
Trichloroace-tic acid	Cl_3CCOOH	9.20×10^{-4}	4.31×10^{-5}	
Tartaric acid	$HOOC(CHOH)_2COOH$	1.29×10^{-1}		

부록 VII 염기의 이온화 상수

이름	화학식	이온화 상수
		K, 25℃
Ammonia	NH_3	1.76×10^{-5}
Aniline	$C_6H_5NH_2$	3.94×10^{-10}
1-Butylamine	$CH_3(CH)_2CH_2NH_2$	4.0×10^{-4}
Dimethylamine	$(CH_3)_2NH$	5.9×10^{-4}
Ethanolamine	$HOC_2H_4NH_2$	3.18×10^{-5}
Ethyamine	$CH_3CH_2NH_2$	4.28×10^{-4}
Ethylenediamine	$NH_2C_2H_4NH_2$	$K_1 = 8.5\times10^{-5}$
		$K_2 = 7.1\times10^{-8}$
Hydrazine	H_2NNH_2	1.3×10^{-6}
Hydroxylamine	$HONH_2$	1.07×10^{-8}
Methylamine	CH_3NH_2	4.8×10^{-4}
Piperidine	$C_5H_{11}N$	1.3×10^{-3}
Pyridine	C_5H_5N	1.7×10^{-9}
Trimethylamine	$(CH_3)_3N$	6.25×10^{-5}

부록 Ⅷ 산 및 암모니아의 밀도(20℃)

wt, %	밀도, g/ml					
	CH_3COOH	HCl	HNO_3	H_3PO_4	H_2SO_4	NH_3
5	1.0055	1.023	1.026	1.025	1.032	0.977
10	1.0125	1.047	1.054	1.053	1.066	0.958
15	1.0195	1.073	1.084	1.082	1.102	0.940
20	1.026	1.098	1.115	1.113	1.139	0.923
25	1.033	1.124	1.147	1.146	1.178	0.907
30	1.038	1.149	1.180	1.181	1.219	0.892
35	1.044	1.174	1.214	1.216	1.260	
40	1.049	1.198	1.246	1.254	1.303	
45	1.053		1.278	1.293	1.348	
50	1.058		1.310	1.335	1.395	
55	1.061		1.339	1.379	1.445	
60	1.064		1.367	1.426	1.498	
65	1.067		1.391	1.475	1.553	
70	1.069		1.413	1.526	1.611	
75	1.070		1.434	1.579	1.669	
80	1.070		1.452	1.633	1.727	
85	1.069		1.469	1.689	1.779	
90	1.066		1.483	1.746	1.814	
95	1.061		1.493	1.807	1.834	
100	1.050		1.513	1.870	1.831	

부록 Ⅸ 주요한 지시약의 변색과 pH 범위

지시약	pH 범위, 변색	용 액
Methylviolet	황, 청 0.2~ 0.3 보라	H_2O
Thymolblue	적 1.2~ 2.8 황	H_2O(+NaOH)
Benzopurpurin 4B	보라 1.2~ 4.0 적	20%Alcohol
Methylorange	적 3.1~ 4.4 노랑	H_2O
Bromphenolblue	황 3.0~ 4.6 청자	H_2O(+NaOH)
Congored	청 3.0~ 5.0 적	70%Alcohol
Bromcresolgreen	노랑 3.8~ 5.4 청	H_2O(+NaOH)
Methylred	적 4.4~ 6.2 황	H_2O(+NaOH)
Chlorphenolred	황 4.8~ 6.8 적	H_2O(+NaOH)
Bromcresolpurple	황 5.2~ 6.8 적자	H_2O(+NaOH)
Litmus	적 4.5~ 8.3 청	H_2O
Bromthymolblue	황 6.0~ 7.6 청	H_2O(+NaOH)
Phenolred	황 6.8~ 8.2 적	H_2O(+NaOH)
Thymolbule	황 8.0~ 9.6 청	H_2O(+NaOH)
Phenolphthalein	무 8.3~10.0 분홍	70%Alcohol
Thymolphthalein	황 9.3~10.5 청	70%Alcohol
Alizarin yellow R	황 10.0~12.0 적	95%Alcohol
Indigo carmine	청 11.4~13.0 황	50%Alcohol
Trinitrobenzene	무 12.0~14.0 등	70%Alcohol

부록 X 표준 전극 전위 및 포말 전극 전위

반반응	*E*, V	포말 전극 전위
$F_2(g) + 2H^+ + 2e \rightleftarrows 2HF(aq)$	3.06	
$O_3(g) + 2H^+ + 2e \rightleftarrows O_2(g) + H_2O$	2.07	
$S_2O_8^{2-} + 2e \rightleftarrows 2SO_4^{2-}$	2.01	
$Co^{3+} + e \rightleftarrows Co^{2+}$	1.842	
$H_2O_2 + 2H^+ + 2e \rightleftarrows 2H_2O$	1.776	
$MnO_4^- + 4H^+ + 3e \rightleftarrows MnO_2(s) + 2H_2O$	1.695	
$Ce^{4+} + e \rightleftarrows Ce^{3+}$		1.70, 1-*F* $HClO_4$; 1.61, 1-*F* HNO_3 ; 1.44, 1-*F* H_2SO_4
$HClO + H^+ + e \rightleftarrows \frac{1}{2} Cl_2(g) + H_2O$	1.63	
$H_5IO_6 + H^+ + 2e \rightleftarrows IO_3^- + 3H_2O$	1.60	
$BrO_3^- + 6H^+ + 5e \rightleftarrows \frac{1}{2} Br_2(l) + 3H_2O$	1.52	
$MnO_4^- + 8H^+ + 5e \rightleftarrows Mn^{2+} + 4H_2O$	1.51	
$Mn^{3+} + e \rightleftarrows Mn^{2+}$		1.51, 7.5-*F* H_2SO_4
$ClO^+ + 6H^+ + 5e \rightleftarrows \frac{1}{2} Cl_2(g) + 3H_2O$	1.47	
$PbO_2(s) + 4H^+ + 2e \rightleftarrows Pb^{2+} + 2H_2O$	1.455	
$Cl_2(g) + 2e \rightleftarrows 2Cl^-$	1.359	
$Cr_2O_7^{2-} + 14H^+ + 6e \rightleftarrows 2Cr^{3+} + 7H_2O$	1.33	
$TI^{3+} + 2e \rightleftarrows TI^+$	1.25	0.77, 1-*F* HCl
$IO_3^- + 2Cl + 6H^+ + 4e \rightleftarrows ICl_2^- + 3H_2O$	1.24	
$MnO_2(s) + 4H^+ + 2e \rightleftarrows Mn^{2+} + 2H_2O$	1.23	1.24 1-*F* $HClO_4$
$O_2(g) + 4H^+ + 4e \rightleftarrows 2H_2O$	1.229	
$IO_3^- + 6H^+ + 5e \rightleftarrows \frac{1}{2} I_2(s) + 3H_2O$	1.195	
$IO_3^- + 6H^+ + 5e \rightleftarrows \frac{1}{2} I_2(aq) + 3H_2O$	1.178	
$SeO_4^{2-} + 4H^+ + 2e \rightleftarrows H_2SeO_3 + H_2O$	1.15	
$Br_2(l) + 2e \rightleftarrows 2Br^-$	1.065	1.05, 4-*F* HCl
$Br_2(aq) + 2e \rightleftarrows 2Br^-$	1.087	
$ICl_2^- + e \rightleftarrows \frac{1}{2} I_2(s) + 2Cl^-$	1.06	
$V(OH)_4^+ + 2H^+ + e \rightleftarrows VO^{2+} + 3H_2O$	1.00	1.02, 1-*F* HCl, $HClO_4$
$HNO_2 + H^+ + e \rightleftarrows NO(g) + H_2O$	1.00	
$Pd^{2+} + 2e \rightleftarrows Pd(s)$	0.987	
$No_3^- + 3H^+ + 2e \rightleftarrows HNO_2 + H_2O$	0.94	0.92, 1-*F* HNO_3

반반응	E, V	포말 전극 전위
$2Hg^{2+} + 2e \rightleftarrows Hg_2^{2+}$	0.920	0.907, 1-F $HClO_4$
$HO_2^- + H_2O + 2e \rightleftarrows 3OH^-$	0.88	
$Cu^{2+} + I^- + e \rightleftarrows CuI(s)$	0.86	
$Hg^{2+} + 2e \rightleftarrows Hg(l)$	0.854	
$Ag^{2+} + 2e \rightleftarrows Ag(s)$	0.799	0.228, 1-F HCl ; 0.792, 1-F $HClO_4$; 0.77, 1-F H_2SO_4
$Hg_2^{2+} + 2e \rightleftarrows 2Hg(l)$	0.789	0.274, 1-F HCl ; 0.776 1-F $HClO_4$; 0.674, 1-F H_2SO_4
$Fe^{3+} + e \rightleftarrows Fe^{2+}$	0.771	0.700, 1-F HCl ; 0.732, 1-F $HClO_4$; 0.68, 1-F H_2SO_4
$H_2SeO_3 + 4H^+ + 4e \rightleftarrows Se(s) + 3H_2O$	0.740	
$PtCl_4^{2-} + 2e \rightleftarrows Pt(s) + 4Cl^-$	0.73	
$C_6H_4O_2$(quinone) $+ 2H^+ + 2e \rightleftarrows C_6H_4(OH)_2$	0.699	0.696, 1-F HCl, H_2SO_4, $HClO_4$
$O_2(g) + 2H^+ + 2e \rightleftarrows H_2O_2$	0.682	
$PtCl_6^{2-} + 2e \rightleftarrows PtCl_4^{2-} + 2Cl^-$	0.68	
$Hg_2SO_4(s) + 2e \rightleftarrows 2Hg(l) + SO_4^{2-}$	0.615	
$Sb_2O_5(s) + 6H^+ + 4e \rightleftarrows 2SbO^+ + 3H_2O$	0.581	
$MnO_4^- + e \rightleftarrows MnO_4^{2-}$	0.564	
$H_3AsO_4 + 2H^+ + 2e \rightleftarrows H_3AsO_3 + H_2O$	0.559	0.577, 1-F HCl, $HClO_4$
$I_3^- + 2e \rightleftarrows 3I^-$	0.536	
$I_2(s) + 2e \rightleftarrows 2I^-$	0.5355	
$I_2(aq) + 2e \rightleftarrows 2I^-$	0.620	
$Cu^+ + e \rightleftarrows Cu(s)$	0.521	
$H_2SO_3 + 4H^+ + 4e \rightleftarrows S(s) + 3H_2O$	0.45	
$Ag_2CrO_4(s) + 2e \rightleftarrows 2Ag(s) + CrO_4^{2-}$	0.446	
$VO^{2+} + 2H^+ + e \rightleftarrows V^{3+} + H_2O$	0.361	
$Fe(CN)_6^{3-} + e \rightleftarrows Fe(CN)_6^{4-}$	0.36	0.71, 1-F HCl ; 0.72, 1-F $HClO_4$, H_2SO_4
$Cu^{2+} + 2e \rightleftarrows Cu(s)$	0.337	
$UO_2^{2+} + 4H^+ + 2e \rightleftarrows U^{4+} + 2H_2O$	0.334	
$BiO^+ + 2H^+ + 3e \rightleftarrows Bi(s) + H_2O$	0.32	
$Hg_2Cl_2(s) + 2e \rightleftarrows 2Hg(l) + 2Cl^-$	0.268	0.242, 포화KCl ; 0.282, 1-F KCl
$AgCl(s) + 2e \rightleftarrows Ag(s) + Cl^-$	0.222	0.228, 1-F KCl
$SO_4^{2-} + 4H^+ + 2e \rightleftarrows H_2SO_3 + H_2O$	0.17	
$BiCl_4^- + 3e \rightleftarrows Bi(s) + 4Cl^-$	0.16	

반반응	*E*, V	포말 전극 전위
$Sn^{4+} + 2e \rightleftarrows Sn^{2+}$	0.154	0.14, 1-*F* HCl
$Cu^{2+} + e \rightleftarrows Cu^{+}$	0.153	
$S(s) + 2H^{+} + 2e \rightleftarrows H_2S(g)$	0.141	
$TiO^{2+} + 2H^{+} + e \rightleftarrows Tl^{3+} + H_2O$	0.1	0.04, 1-*F* H_2SO_4
$AgBr(s) + e \rightleftarrows Ag(s) + Br^{-}$	0.095	
$S_4O_6^{2-} + 2e \rightleftarrows S_2O_2^{2-}$	0.08	
$Ag(S_2O_3)_2^{3-} + e \rightleftarrows Ag(s) + 2S_2O_3^{3-}$	0.01	
$2H^{+} + 2e \rightleftarrows H_2(g)$	0.000	-0.005, 1-*F* HCl, $HClO_4$
$Pb^{2+} + 2e \rightleftarrows Pb(s)$	−0.126	-0.14, 1-*F* $HClO_4$, -0.29, 1-*F* H_2SO_4
$Sn^{2+} + 2e \rightleftarrows Sn(s)$	−0.136	
$AgI(s) + e \rightleftarrows Ag(s) + I^{-}$	−0.151	
$CuI(s) + e \rightleftarrows Cu(s) + I^{-}$	−0.185	
$N_2(g) + 5H^{-} + 4e \rightleftarrows N_2H_5^{+}$	−0.23	
$Ni^{2+} + 2e \rightleftarrows Ni(s)$	−0.250	
$V^{3+} + e \rightleftarrows V^{2+}$	−0.255	-0.21, 1-*F* $HClO_4$
$Co^{2+} + 2e \rightleftarrows Co(s)$	−0.277	
$Ag(CN)_2^{-} + e \rightleftarrows Ag(s) + 2CN^{-}$	−0.31	
$Tl^{+} + e \rightleftarrows Tl(s)$	−0.336	-0.551, 1-*F* HCl ; -0.33, 1-*F* $HClO_4$, H_2SO_4
$PbSO_4(s) + 2e \rightleftarrows Pb(s) + SO_4^{2-}$	−0.356	
$Ti^{3+} + e \rightleftarrows Ti^{2+}$	−0.37	
$Cd^{2+} + 2e \rightleftarrows Cd(s)$	−0.403	
$Cr^{3+} + e \rightleftarrows Cr^{2+}$	−0.41	
$Fe^{2+} + 2e \rightleftarrows Fe(s)$	−0.440	
$2CO_2(g) + 2H^{+} + 2e \rightleftarrows H_2C_2O_4$	−0.49	
$Cr^{3+} + 3e \rightleftarrows CR(s)$	−0.74	
$Zn^{2+} + 2e \rightleftarrows An(s)$	−0.763	
$Mn^{2+} + 2e \rightleftarrows Mn(s)$	−1.18	
$Al^{3+} + 3e \rightleftarrows Al(s)$	−1.66	
$Mg^{2+} + 2e \rightleftarrows Mg(s)$	−2.37	
$Na^{+} + e \rightleftarrows Na(s)$	−2.714	
$Ca^{2+} + 2e \rightleftarrows Ca(s)$	−2.87	
$Ba^{2+} + 2e \rightleftarrows Ba(s)$	−2.90	
$K^{+} + e \rightleftarrows K(s)$	−2.925	
$Li^{+} + e \rightleftarrows Li(s)$	−3.045	

일반화학실험 -제3판-

저　자	김은옥 · 박승기 · 정용찬 · 최정원 · 최희선
발 행 인	김지영
발 행 처	자유아카데미
주　소	경기도 파주시 회동길 37-42 파주출판도시
전　화	031-955-1321
팩　스	031-955-1322
홈페이지	www.freeaca.com
전자우편	main@freeaca.com(대표) editor@freeaca.com(편집) crm@freeaca.com(영업)
등　록	제406-2003-017호, 1980. 7. 12
제3판1쇄	2010년 3월 2일 발행
제3판11쇄	2023년 2월 10일 발행
정　가	15,000원

ISBN 978-89-7338-805-9 93430